FRIEDA

Wachholtz

MATTHIAS SCHMOOCK

UNSER LEBEN MIT FRIEDA

Merkwürdigkeiten aus einem Hundeleben

Wachholtz

MIX
Papier aus verantwortungsvollen Quellen
FSC® C107574

1. Auflage 2019

ISBN 978-3-529-05031-2
Gesamtherstellung: Wachholtz Verlag

Printed in Europe
Besuchen Sie uns im Internet:

www.wachholtz-verlag.de

INHALTSVERZEICHNIS

VOM HERR ZUM HERRCHEN: AUF DEN HUND GEKOMMEN

Matthias Schmoock über sein neues Leben mit Frieda, einem acht Wochen alten Welpen.

Falls Sie für sich unwiderruflich beschlossen haben, niemals Hundebesitzer(in) zu werden, hier eine Warnung vorab: Nehmen Sie keinesfalls regelmäßig die Tiere von Verwandten oder Bekannten in Pflege. Denn der Funke springt bei vielen Hundesittern rasch über, und das ist dann meist auch unwiderruflich. Irgendwann vermisst man die witzigen Hausgenossen und kommt auf die Idee, es selbst mal zu versuchen. Mit der vollen Verantwortung und ohne Rückgabe-Perspektive. Die Transformation vom Herr zum Herrchen: Sie vollzieht sich ziemlich schnell.

So fing es bei uns auch mal an – und nun ist Frieda da. Der erste Hund unseres Lebens, und das mit über 50. Vor genau einer Woche haben wir sie bei der Züchterin in der Nähe von Karlsruhe behutsam in eine Reisebox gesteckt und sind Richtung Hamburg aufgebrochen. Ob sie irgendwas von der immer flacher werdenden Landschaft und der plötzlich so hochdeutschen Sprache mitbekam? Keine Ahnung. Frieda hat ihren Umzug verschlafen, und ihre ersten kleinen Spaziergänge in der neuen Welt vollzogen sich auf zwei ziemlich dürftigen Autobahnraststätten.

Frieda ist ein brauner Labradoodle in der Mini-Ausführung. Ausgesucht wurde sie von meiner Frau, die mir auch den Namen nahe legte. Meine Vorschläge – „Liberty“ oder „Billy“ – fanden leider bei keinem Familienmitglied Zustimmung. Als wir sie in der vergangenen Woche abholten, war sie genau acht Wochen alt. Mindestens 30 Welpen purzelten vor Ort durcheinander, Frieda irgendwo halb vergraben unter Geschwistern und Halbgeschwistern. Ich gebe hier offen zu, dass ich die anderen Hunde gar nicht genauer angeguckt habe. Einerseits taten sie mir unsinnigerweise leid, andererseits hatte ich wohl auch die Sorge, einer der anderen im Knäuel könnte mir genauso gut oder noch besser gefallen. Es wurde also Frieda. Na dann: Herzlich willkommen in Hamburg!

An den ersten zwei Tagen war Frieda noch nicht, wie heißt es so schön, „innerlich angekommen". Parkettfußboden und Treppen missfielen ihr sichtlich, sie zitterte immer mal und schlief viel. Aber dass sie einen eigensinnigen kleinen Kopf hat, merkten wir ziemlich schnell. Das süße Stofftier, das wir ihr zur Begrüßung gekauft hatten, ließ sie links liegen und stürzte sich stattdessen mit Wonne auf meine Tennisschuhe. Frieda stratzt mittlerweile täglich energischer durch die Gegend und wird auch immer mutiger. Unwillkürlich muss ich an den Spruch auf einer Witzpostkarte denken: Ich bin klein, mein Herz ist rein, bin ich erst groß, geht's richtig los.

Das Schwierigste ist es, einem acht Wochen alten Hündchen schon Grenzen aufzeigen zu müssen. Ein Beispiel: Wenn sie mit ihren Mini-Zähnen unsere Finger (und Zehen) spielerisch attackiert, finden wir Erwachsenen das witzig. Kleine Kinder werden das Ganze nicht witzig, sondern ziemlich schmerzhaft finden. Das bedeutet: Frieda muss lernen, dass nicht alles erlaubt ist und dass auch hier ein Nein ein Nein ist.

Berühmte Menschen haben über ihre Hunde geschrieben, von Homer über Virginia Woolf (nomen est omen) bis zu Obama. Sie nannten sie beste Freunde, Philosophen, Seelenverwandte und Ähnliches mehr.

Frieda, das muss ich zugeben, ist von einer Philosophin noch ziemlich weit entfernt. Sie ist erst mal „nur" eine Handvoll Hündchen, das noch viel sehen wird und lernen muss. Ich bin aber überzeugt, dass sie ihren neuen Eignern auch viel zeigen und beibringen kann. Entschleunigung dank Frieda, das klappt schon nach nur einer Woche sehr gut. Davon später mehr.

Eben hab ich Frieda wieder angeguckt – zum 100. Mal an diesem Tag. Sie lag auf dem Rücken, ihre Ohren bildeten einen Fächer um ihr hübsches Gesicht. Man soll Tiere ja nicht vermenschlichen, aber sie sah aus, als müsse sie über etwas grinsen. Was es wohl gewesen sein mag? Ich bin sicher: Sie wird es uns bald deutlich machen.

FRIEDA IST EINE MISCHUNG AUS BABY UND TEENAGER

Der Labradoodle-Welpe ist jetzt neun Wochen alt – und manchmal auch schon ganz schön renitent.

Wieder so ein herrlicher Tag in Hamburg: Der Himmel ist knallblau, die Luft glasklar. Es herrscht tiefer Frieden, nur die Vögel singen so laut, dass man schon von Randale sprechen könnte. Na ja, wie soll es an einem Sonntagmorgen um 4.20 Uhr auch schon in unserem Stadtteil zugehen. Im Umkreis von etlichen Kilometern sind vermutlich nur Frieda und ihr Herrchen auf den Beinen – Frieda vorübergehend putzmunter und Herrchen todmüde.

Es gibt ja wohl immer mehr hochbegabte Kinder in Hamburg – und eventuell auch hochbegabte Hunde.

Nun, Frieda ist zwar ziemlich schlau, aber Durchschlafen ohne Gassigehen schafft sie (natürlich) noch nicht, auch wenn ein Freund behauptet, dass das bei seinem Welpen schon nach zwei Wochen klappte. Der Typ hatte allerdings auch jede Nacht „Pfote in Hand" (O-Ton) neben dem Tier geschlafen. Ich werde das bestimmt nicht tun, aber bleibe trotzdem zuversichtlich: Das wird schon alles werden. Die Nächte mit schreienden Babys fand ich jedenfalls deutlich anstrengender. Und die frühe Stunde kann man ja auch sinnvoll nutzen, zum Beispiel mit einem kleinen Rückblick auf die vergangenen Tage.

Zeit zum Schmusen und Spielen gab es mit Frieda auch in der zweiten Woche ihres Hamburg-Daseins jede Menge, aber es ging eben auch schon um das Lernen von Regeln und Ritualen. Die sind nicht nur für die Nerven aller Familienmitglieder wichtig, sondern geben auch ihr Halt und Sicherheit, und man kann gar nicht früh genug damit anfangen. In einem meiner Fachbücher gibt es dazu eine witzige Zeichnung: Ein kräftiger Vierbeiner, vom Typ nicht gerade der beste Freund des Menschen, sitzt knurrend auf einem Sofa und lässt die Familie stehen. So etwas kann niemand wollen.

Jeder Hundebesitzer hat vermutlich so seine eigene Liste mit dem, was erlaubt ist und was nicht, deshalb hier nur ein paar ganz persönliche Beispiele. Frieda darf eine ganze Menge, aber nicht in unser Bett hüpfen oder aufs Sofa klettern. Geschlafen wird in ihrer Schlafbox, Fressi gibt es an einer festgelegten Stelle, immer zu denselben Zeiten. Im Grunde ist alles ein ständiges Austarieren. Frieda soll, wie die Experten unseres Vertrauens einhellig sagen, „nicht in Watte gepackt werden“, allerdings braucht sie ihre Ruhezeiten am eigenen Rückzugsort. „Die Schlafbox ist wie ein Kinderzimmer, in das keiner reindarf“, erläuterte die resolute Gaby in der Welpenschule – ein Gleichnis, das sogar ich sofort kapiert habe.

Überhaupt muss man sich frei machen von dem Gefühl, den Hund dauernd bespaßen und beschäftigen zu müssen. Die vielen (zu großen) Bällchen, Stofftiere und Spielzeugknochen, alles gut gemeinte Geschenke, wurden erst mal weggepackt. Denn Frieda inspiziert genauso gerne die Ketteltechnik der Fußmatte oder die Fransen ihrer alten Decke – ganz in Ruhe und alleine, auch mal 15 Minuten lang. Besucher mit kleinen Menschenkindern habe ich am vergangenen Wochenende dann auch freundlich hinauskomplimentiert, als Friedas Blick immer müder wurde. Ein Kind wollte sie dann energisch in den Schlaf singen, das andere ihre Pfoten ordentlich unter der Decke platzieren. So ging es nicht, sie ist ja schließlich noch ein Baby.

Manchmal kommt sie mir allerdings auch wie ein Baby mit Teenager-Allüren vor. Sie hat, so meine ich, beispielsweise verstanden, dass sie nicht in die Küche darf, nun spaziert sie immer mal wieder ganz langsam und mit ziemlich keckem Schulterblick genau dorthin – so nach dem Motto: Mal sehen, was passiert.

Gleichzeitig konsequent bleiben und liebevoll, auch mal streng sein, ohne dabei laut zu werden. Das schreibt sich alles so locker auf, aber ist nicht immer so leicht umzusetzen. Und es funktioniert auch nur, wenn alle mitmachen. An der Leine gehen kann Frieda schon ganz gut, auch „Sitz“ wird ohne Stress geübt.

Ich könnte Ihnen hier noch stundenlang weiter faszinierende Erlebnisse und kluge Erkenntnisse in den Laptop tippen, aber trotz mehrerer Becher Kaffee fällt mich eine bleierne Müdigkeit an. Nächste Woche geht’s dann um Friedas erste kleine Ausflüge.

SO MUSS FRIEDA VERTEIDIGT WERDEN

Mit dem kleinen Labradoodle-Welpen zum Survival-Training. Da ist auch das Herrchen ganz schön gefordert.

Als Mini-Labradoodle ist Frieda logischerweise ziemlich klein – im Vergleich zu anderen Welpen sogar fast winzig. Beim Herrchen verstärkt diese Erkenntnis den ohnehin schon ausgeprägten Beschützerinstinkt enorm. Im Grunde ist es so, dass ich, stellvertretend für Frieda, sauer werde, wenn ihre (noch) sehr geringe Körpergröße immer und immer wieder angesprochen wird.

Als besonders unsensibel erwies sich dabei in der vergangenen Woche ein kleiner Junge, dem Frieda auf dem Parkplatz der Hundetrainerin munter vor die Füße hüpfte. „Oh, guck mal, Papa", rief das Bürschlein, „ein Meerschweinchenhund." Am liebsten hätte ich mit diesem Knaben, der in Bio ja offensichtlich keine Leuchte ist, ein Normen verdeutlichendes Gespräch geführt. Jemand, der solchen Tüdelkram erzählt, wird doch niemals die Klassenschönheit erobern oder das Fußballteam aufmischen. Ein ganz dicker Hund, das Ganze. Egal.

Ich hielt mich schließlich an Frieda, die dieses Kleinkind verständnislos anguckte, um dann wie ein Miniaturpferd davonzutraben – hocherhobenen Hauptes. Einfach gar nicht drum kümmern, das ist in solchen Fällen ja immer das Beste. Zurück zur Hundeschule. Dazu muss ich etwas weiter ausholen.

In den ersten Wochen ihres Hamburg-Daseins konnte Frieda im Garten ausgiebig Gänseblümchen attackieren, Ameisen aus allernächster Nähe inspizieren und Regenwasser aus dem Vogelbad trinken. Das ist übrigens auch so ein Phänomen, mit dem man sich als Neu-Hundebesitzer anfreunden muss: Das schönste Wasser im Napf wird für irgendwelches Brachwasser stehen gelassen – merkwürdige Vorliebe. Alles klappte bestens, zumal Frieda ja auch seit Tagen Sonne und Trockenheit erlebt. Sie glaubt wahrscheinlich, dass Wetter sei hier immer so gut. Die wird sich noch wundern.

Doch irgendwann, und damit komme ich nun zum Punkt, war klar: Frieda muss mal unter Leute, beziehungsweise unter Hunde. Das Welpentraining, für das wir uns deshalb entschieden, bietet ihr nicht nur jede Menge gleichaltrige Spielfreunde, sondern auch wichtige Impulse für die Hundeeltern. 15 Welpen tobten da auf einer verwilderten Wiese herum, darunter manche mindestens zehnmal so groß wie Frieda. Eigentlich entspricht das Ganze der vor allem bei jungen Vätern so überaus beliebten Baby-Krabbelgruppe, wenn auch mit deutlich höherem pädagogischen Anspruch.

Wenn man sich für ein Leben mit Hund entscheidet, entstehen vor dem geistigen Auge schöne Bilder – sagen wir mal von Tobereien auf Blumenwiesen, gemeinsamen Angeltouren oder gemütlichen Abenden am Lagerfeuer. Was man sich dann bestimmt nicht vorstellt, sind Übungen beim Welpentraining, die Mensch und Tier gleichermaßen fordern. Da bildeten dann beispielsweise alle anderen Welpen und ihre menschlichen Zieh-Eltern einen Kreis, den ich mit der nicht angeleinten Frieda zweimal umrunden musste. Der erste Versuch verlief ziemlich holprig, der zweite erstaunlich gut. Frieda wirkte hinterher plötzlich ganz mutig, Herrchen erleichtert – und beide gemeinsam völlig fertig.

Geübt wurde auch für Ernstfälle, wie sie ja (leider) häufig in unseren Parks vorkommen. Wenn sich ein großer Hund mit undefinierbaren Absichten entschlossen nähert, soll man seinen Welpen niemals mit Ausrufen vom Kaliber „Oh, Gott, mein armer Liebling“ hochheben, weil er dann in solchen Situationen künftig immer ängstlich sein wird. Stattdessen lernten wir beim Welpentraining, wie man mit dem eigenen Körper eine Art Körbchen bildet (hinhocken oder -setzen, dann mit den nach vorne gestreckten Armen einen Kreis bilden), in das unser Hundekind im Notfall hineinspringen kann. So weit, so gut. Sollte der fremde Hund dann aber dieses Körbchen attackieren, muss er energisch vertrieben werden. Und das erschien mir dann doch schon deutlich schwieriger. Die besten Trockenübungen nützen bekanntlich wenig, wenn man sich nicht irgendwann zum Sprung ins kalte Wasser entschließt.

Kurze Zeit später ging's deshalb mit Frieda zur nächsten Hundewiese – doch davon mehr in der kommenden Woche.

FRIEDA BLEIBT IM PARK ALLEINE – UND ENTDECKT DIE ELBE

Das Labradoodle-Kind erlebt Frust auf der Hundewiese. Zur echten Hamburgerin wird sie natürlich am Wasser.

Von meinen Bemühungen, Klein Frieda mit vollem Körpereinsatz ein „Körbchen" für den Notfall zu bauen, habe ich Ihnen ja bereits berichtet. Nun also zum Praxistest, sprich: dem Besuch der Hundewiese. Der wurde, das hier schon mal vorab, leider zu einem ziemlichen Flop.

Kaum war die ordnungsgemäß angeleinte Frieda im Park ein paar Schritte vorangekommen, sprintete schon ein frei laufender, riesiger (jedenfalls im Vergleich zu ihr) Artgenosse aus dem Hinterhalt heran. Frieda, verdutzt und nervös, tappte nur halbherzig in die schutzbietenden Arme, wurde dann versehentlich umgeschubst und ansonsten links liegen gelassen. Denn der „Angreifer" hatte überhaupt kein Interesse an ihr, sondern an den griffbereiten Leckerli in meiner Jackentasche. Seine Halterin entschuldigte sich tausendmal, überhaupt sind die Leute mit uns Jung-Hundeeltern ja immer wahnsinnig freundlich, hilfsbereit und kommunikativ. „Sam kann nichts mit Welpen anfangen", ließ sie noch vernehmen, er wollte also nicht mal „nur spielen".

Das wollte dann leider faktisch überhaupt kein Hund auf der ganzen weiten Wiese. Bällchen und Stöckchen flogen herum. Alle möglichen Tiere tobten hinterher – und zielstrebig an uns vorbei. Selbst Kennlerngespräche mit anderen Haltern brachten nichts; Frieda, die durchaus aufgeschlossen schien, stand so verloren herum wie die kleine Schwester, die auf Teenager-Partys immer nervte. Alles in allem wirkte unsere Aktion vermutlich so, als stelle man auf einem Golfplatz einer Gruppe Best Ager ein Kleinkind vor: „Hallo Leute, schaltet mal einen Gang runter und lasst die Lütte mitspielen." Müde und etwas frustriert schlurften wir nach Hause, Frieda noch am besten gelaunt. Was soll's, der Sommer ist ja noch lang.

Mit einem Flop oder sogar Mini-Eklat endete auch mein vorerst letzter Besuch beim Welpentraining. Es begann damit, dass wir unsere Hunde aus der großen, wild tobenden Gruppe herausrufen sollten. Das ist ja eine durchaus sinnvolle Übung, denn zu Hause auf dem Wohnzimmerfußboden lassen sich ja vermutlich sogar stocktaube Hunde noch irgendwie zu Herrchen locken. Mit viel Enthusiasmus sollte das einzeln vonstattengehen, und alle stellten sich recht geschickt an. Alle bis auf mich. Viel lauter müsse ich Frieda rufen und auch viel *höher*, kritisierte die resolute Trainerin Gaby, um es dann gleich vorzumachen: „Friiiiieda, Friedafrieda." Außerdem sollte ich mit den Armen wedeln und überhaupt viel mehr aus mir herausgehen. Können Sie verstehen, dass ich schlagartig keine Lust mehr hatte? Irgendwelche schlimmen Erinnerungen an Matheunterricht und Geburtsvorbereitungskurs stiegen wohl in mir hoch, jedenfalls knüllte ich die Leine zusammen und setzte mich wieder zu den anderen. Eine coole Bulldoggen-Besitzerin mit lauter Piercings zwinkerte mir verschwörerisch zu: „Hätte ich genauso gemacht." Gaby war anderer Meinung, ihr Kommentar: „Gibt's ja wohl nicht."

Zur nächsten Unterrichtsstunde wird Frieda dann mal wieder von Frauchen begleitet. Die hat ja zum Glück eine ziemlich hohe Stimme.

Nach dieser ganzen Quengelei über ein ansonsten ja nach wie vor herrliches Leben mit Hund nun das Highlight der vergangenen Tage. Dreieinhalb Wochen lebt Frieda, die ja ursprünglich aus Karlsruhe stammt, nun schon in Hamburg – Zeit, ihr die Elbe zu zeigen. Vor Ort, das registrierte ich etwas gerührt, gefiel es ihr sofort. Mit viel Energie wühlte sie im Sand herum; rätselhaft, wonach Hunde immer suchen. Dann stratzte sie ins Wasser, wurde von der Dünung kurz nass gespritzt – und stürmte zum Sand zurück. Ist Frieda wasserscheu? Mal gucken. Aber sie hat richtiges Elbwasser berührt – endlich.

Als sie nach erneuter Wühlerei umherspazierte, sah sie mit dem sandigen, wuscheligen Fell, das zusammen mit den abstehenden Ohren einen Rahmen um ihr Gesicht bildete, wie ein kleiner Löwe aus. Den hat's in Hamburgs Wappen bekanntlich nie gegeben – aber hier war er nun plötzlich. Und spätestens, als sie dann noch versonnen einem tutenden Tanker nachguckte, der in Richtung Cuxhaven schipperte, wurde klar: Karlsruhe war gestern. Frieda ist jetzt eine richtige Hamburger Deern.

BEI HAGEL WIRD FRIEDA ZU EINEM WACHHUND

Ameisen, Gewitter, Gänseblümchen – der Labradoodle-Welpe hat von der Natur eine ganz eigene Wahrnehmung.

Mit einem Baby-Hund im Haus muss man jede Menge nachlesen – viel mehr als gedacht. In Büchern, Fachblättern und Internetforen wird das Verhalten der Welpen ausführlich beschrieben, erläutert und diskutiert. Trotzdem sieht man sich immer wieder mit den merkwürdigsten Ritualen konfrontiert, die selbst gründlich vorgebildete Neuhalter ziemlich ratlos lassen. Besonders fällt mir das immer auf, wenn Frieda in Park und Garten unterwegs ist. Was da in so einem Welpenköpfchen vorgeht, ist eigentlich ziemlich rätselhaft, das Ergebnis wiederum oft sehr amüsant.

Manchmal bleibt Frieda beispielsweise wie angewurzelt stehen, starrt in die Landschaft, knurrt und bellt ohne erkennbaren Anlass. Ist da irgendwas zu sehen? Dann wieder nimmt sie aus dem Stand heraus Anlauf und attackiert vehement den Boden – so, als höre sie unter sich Maulwürfe oder Wühlmäuse arbeiten. Oder war es doch nur ein dicker Käfer, der dann in ihrem Magen landete? Besen und Harken im Einsatz werden von ihr offensiv angebellt; stehen sie aber irgendwo angelehnt, macht Frieda lieber einen großen Bogen drum herum. Auf Gänseblümchen kaut sie gerne herum, ohne davon wirklich abzubeißen.

Manchmal wirkt das Ganze fast wie die Benutzung von Zahnseide. Die brauchte sie nach dem fragwürdigen Genuss von Kaninchenködeln eigentlich auch, doch zum Glück hat sich zumindest diese Geschmacksverirrung mittlerweile wieder gegeben.

Unerfreulich für Frieda verlief vor ein paar Tagen ihr Besuch an einem kleinen Ameisenhaufen. Ganz nahe rückte sie an das Gewimmel heran, um dann plötzlich wie von der Tarantel gestochen abzuhauen. Nach einigen kurzen Anfällen, die wie „Selbstbeißen" aussahen, und ausgiebigem Rollen im feuchten Gras ging es ihr erkennbar schnell wieder besser. Ameisen werden in Hamburg ja zum Glück nicht so groß.

Eindrucksvoll auch Friedas Verhalten bei Hagel. Als der Wind die Körner gleichzeitig gegen die Haustür und die Fenster drückte, flitzte sie aufgeregt durch die Zimmer, knurrte abwechselnd alle Richtungen an und bellte für ihre Körpergröße sogar ziemlich laut und ausdauernd. Offenbar wollte sie potenzielle Eindringlinge vertreiben, was uns sehr beeindruckte. So mutig hatten wir diesen Hund gar nicht eingeschätzt. Erst der Anschauungsunterricht vor der Tür brachte dann etwas Entspannung. Ob sie verstanden hat, was da vom Himmel prasselte?

Dass Frieda für eine Hamburger Deern (noch) ziemlich wasserscheu zu sein scheint, habe ich hier ja neulich schon mal gemutmaßt. Bei einem Ausflug an den Plöner See gab es kürzlich wieder deutliche Hinweise darauf. Sie setzte nämlich alles daran, Seewasser zu trinken, ohne nasse Füße zu bekommen. Geradezu halsbrecherisch versuchte das Labradoodle-Mädchen, sich an seiner Leine kopfüber zwischen den Ufersteinen abzuseilen, um irgendwie mit der Zunge die Wasseroberfläche zu erreichen. Als das Manöver zu riskant wurde, brachte ich sie schnell zum nächsten Restaurant. Dort stand ein gut gefüllter Hundenapf, und aus dem trank es sich nicht nur deutlich stilvoller und bequemer, sondern auch ganz gefahrlos.

Diese vielfältigen Impressionen aus den vergangenen Wochen leiten mich nun zu der Frage, ob das Leben mit dem Welpen nun für Entschleunigung (bei uns) sorgt – oder eher für das Gegenteil. Wenn ich die Naturerlebnisse in Friedas Alltag vor meinem geistigen Auge Revue passieren lasse, muss ich – leider – einmal mehr mit „sowohl als auch" antworten. Denn natürlich ist es entschleunigend, Frieda mit einem dicken Grashalm zu kitzeln, mit ihr durch den Park zu flitzen oder einfach nur bei ihren unermüdlichen Wühlarbeiten zuzusehen. Aber dann sind da wieder die dauernden Störungen beim sonntäglichen Lesen im Liegestuhl und der Gartenarbeit, das ständige Nachgucken, wo sie steckt und worauf sie denn nun wieder herumkaut. Gar nicht zu reden von meiner latenten Genervtheit, wenn sie nach Stunden an der frischen Luft schon wieder eine neue Runde ums Haus drehen will.

Doch wenn ich so drüber nachdenke: Im Grunde hat das alles seine Richtigkeit. Und von mir aus kann es noch ewig so weitergehen.

BEI PLATTDEUTSCH VERSTEHT FRIEDA NUR BAHNHOF

Die Hundetaufe gab dem kleinen Welpen Rätsel auf. Immerhin kam sie nun auch mit Alsterwasser in Berührung.

Als Neu-Hundebesitzer muss man sich mit einer ganzen Reihe von Ritualen beschäftigen, die stark an den Umgang mit Babys und Kleinkindern erinnern. Das geht von Kennlerngesprächen über Spielgruppen bis zu Welpen- und Hundeschule.

Unwillkürlich muss ich da manchmal an den Schäferhund auf dem Bauernhof meines Großvaters denken. Dieses Tier war ein reiner, wahnsinnig scharfer Wachhund und lag den ganzen Tag lang an der Kette in oder vor seiner Hütte. Ob der jemals mit anderen Hunden gespielt hat oder überhaupt irgendwelche Impulse bekam? Wohl kaum. Abends wurde er losgemacht, um das Haus und die vielen Nebengebäude zu bewachen, und im Winter war er immer mal im Stall. Kein Impfbuch, kein Spielzeug. Auch so ein Hundeleben.

Heute soll es um Hundetaufen gehen, die mittlerweile in Mode zu sein scheinen. Zu einer sehr gelungenen war ich schon mal eingeladen (man gehört ja jetzt dazu), und es war eigentlich nur eine Frage der Zeit, bis das Thema auch auf Frieda zulaufen würde. Entfernte Bekannte hatten dann also neulich mal die Idee, Frieda offiziell zu taufen – und zwar mit Alsterwasser.

Die Begründung war logisch: In die Elbe habe sie ihre Pfoten ja schon gesteckt, aber damit könnte sie sich theoretisch auch zu Magdeburg, Dresden oder Hitzacker bekennen. Die Alster sei dagegen Hamburg pur, erst wer da „mit'n Fuß reintunkt", ist eine waschechte Hamburger Deern und bleibt es auch. Um das Ganze zu manifestieren, sollte ein Teil der „Zeremonie" dann auch noch traditionell auf Plattdeutsch abgehalten werden. Na schön, man möchte anderen die nett gemeinten Ideen ja nicht ruinieren, und wenn sich der Hund aus Karlsruhe danach noch stärker mit seiner Heimat identifizieren kann – umso besser.

Ich will hier keinesfalls den besonderen Charme unseres niederdeutschen Kulturguts in Abrede stellen. Der erschließt sich bloß nicht jedem auf Anhieb.

Um hier jetzt mal etwas abzukürzen: Die kleine Feier verlief in weiten Teilen originell und lustig. Frieda ließ sich gelassen mit Alsterwasser beträufeln und leistete allen hochdeutsch vorgebrachten Anweisungen bereitwillig Folge. Die Laune änderte sich, als ein plattdeutsches Gedicht auf sie niederregnete, das eigentlich ziemlich kurz, aber für einen kleinen Hund dann wohl doch eine Spur zu lang war. Ich will die Mimik eines Welpen jetzt nicht überinterpretieren, andererseits kann man als Herrchen mittlerweile doch schon einige Stimmungswechsel erkennen.

Die Reaktion auf das Gehörte war ungefähr so: Am Anfang guckte Frieda noch verdutzt-interessiert, dann wich sie ein paar Schritte zurück. Als sie das dritte Mal „Nä, mien Freda" (oder so ähnlich) zu hören kriegte, zeigte sie alarmierend deutlich ihre Mini-Zähne, beim vierten Mal setzte verärgertes Bellen ein. Hätte sie auch noch kläglich zu jaulen angefangen, was nicht geschah, wäre das ein perfektes Klischee wie aus einem Witzfilm gewesen. Einige weitere Strophen wurden dann vorsorglich ausgelassen. Hier war ganz deutlich: Was für sie verheißungsvoll begonnen hatte, war zu einem einzigen Rätsel geworden. So als breite man vor unsereins eine Schatzkarte aus, um sie dann auf Kisuaheli zu erläutern.

Bezichtigen Sie jetzt bitte niemanden der Tierquälerei. So schlimm war das Ganze auch nicht, und der Hund hat sich längst beruhigt. Kann ja sogar sein, dass Frieda dem Plattdeutschen künftig aufgeschlossener gegenübertritt. Ich hab ihr einige Tage später das Lied vom Tüdelband vorgesungen, und da ist sie bloß noch eingeschlafen.

Die Taufenden waren übrigens etwas bedröppelt abgezogen, das ausgedruckte Gedicht wanderte wie üblich „zu den Akten“. Immerhin waren das mal Leute, die sich etwas aus ihrer Sicht Nettes für den Hund überlegt hatten – muss man ja auch mal anerkennen. Denn insgesamt ist es erstaunlich, wie ambivalent die Reaktionen auf so ein neues Haustier sind, selbst bei ganz alten Freunden.

Doch davon mal mehr in der kommende Woche.

ICH BIN HUNDEBESITZER UND HUNDEBESCHÜTZER

Auf den Hund gekommen. Das Leben mit dem Welpen bringt Einschränkungen – und neue Freiheiten. Das kann nicht jeder verstehen.

Die Zeit vergeht sehr schnell mit Frieda – und das, obwohl die Tage deutlich früher anfangen als noch vor ein paar Monaten. Gleichzeitig kommt es uns vor, als gehöre sie schon ewig zur Familie – was für seltsame Phänomene.

Doch zunächst ein paar aktuelle Fakten zum Labradoodle-Mädchen: Frieda ist jetzt 14 Wochen alt und seit fast sechs Wochen Hamburgerin. Die Portion Hund wiegt 1900 Gramm und hat eine Schulterhöhe von ungefähr 20 Zentimetern. Genaues Nachmessen ginge nur im Schlafzustand und muss nachgeholt werden, weil sie neben Maßband und Zollstock keine drei Sekunden ruhig stehen bleibt.

Für eine Bilanz ist es noch etwas früh, aber da ich dauernd die Frage „Wie ist es denn jetzt so mit Frieda?“ beantworten muss, hier ein paar aktuelle Eindrücke. Das Leben mit Hund unterscheidet sich von dem ohne total – so, als sei man in ein anderes Land umgezogen. Der Alltag muss ganz anders organisiert werden, und die Hälfte der Gespräche (mindestens) dreht sich um Fressi, Gassi und Co. Da ich Sie hier nicht mit Allgemeinplätzen langweilen will, die Sie sowieso kennen oder sich zumindest gut vorstellen können, beschreibe ich Ihnen mal zwei für mich ganz neue Tatsachen, die ich wirklich überraschend finde.

Da ist zum einen das totale Unverständnis bei vielen (wenn auch längst nicht allen) Freunden und Bekannten darüber, dass man sich im fortgeschrittenen Alter überhaupt noch einen Hund zulegt. „Was soll das denn?“ war und ist so eine typische Reaktion. Und auch Mitgefühl bekommen wir jede Menge – ungefähr in dieser Form: „Euer Leben war doch gerade so schön, jetzt gebt ihr eure ganzen Freiheiten auf.“ Erste Reaktion einer Verwandten am Telefon: „Wer nicht genug Arbeit hat, macht sich welche.“ Na ja, die Dame ist schon sehr betagt, da muss man nachsichtig sein. Ich kann mich nicht erinnern, mich seinerzeit wegen der Entscheidung für Kinder so viel gerechtfertigt zu haben, wie kommt das bloß?

Kürzlich saß ich bei einem Abendessen gleich sechs Leuten gegenüber, die allesamt wenig Enthusiasmus für die Frieda-Entscheidung entwickeln konnten und mir ihre Ansichten dazu teils mitleidig, teils hämisch kundtaten. Als „bekennenden Hundehasser“ outete sich einer und lachte dröhnend, andere steuerten irgendwelche frustrierenden Geschichten bei. Sogar eine Hundebesitzerin war darunter, die sich über die Essgewohnheiten ihres uralten ehemaligen Lieblings beklagte. Hass, das nur nebenbei, habe ich im Zusammenhang mit Tieren noch nie verspürt. Na gut: Zecken und Bremsen ausgenommen.

Ich konnte das Gerede jedenfalls abperlen lassen und kontern: Sollen die doch ohne Frieda glücklich werden. Und hier sind wir schon mittendrin – in der Beschreibung der verblüffenden Tatsache Nummer zwei.

Es ist nämlich wirklich erstaunlich, wie schnell man als neues Herrchen zum großen Hundebeschützer wird. Noch vor nicht mal zwei Monaten war man völlig hunde- und ahnungslos, nun wirft man sich bei jeder Gelegenheit für die Alltagsgefährtin in die Bresche. Geradezu empfindlich reagieren Hundebesitzer auf dumme Bemerkungen über ihre Vierbeiner – ich mittlerweile auch. Für mich ist das ein Beleg dafür, wie schnell diese Tiere das Herz ihrer Besitzer erobern. Das kann man nicht erklären, das muss man selbst erleben.

Um das hier mal abzukürzen, kommen jetzt meine alltäglichen Standardsätze zum Thema. Die könnte ich mir mal auf eine Karte drucken lassen und anderen bei Gelegenheit in die Hand drücken oder unter die Nase halten: Ich finde, dass ein Leben mit Hund gegenüber dem bisherigen Leben zwar wirklich Einschränkungen und damit weniger Freiheiten bedeutet, keine Frage. Aber es eröffnet sehr viele neue Eindrücke und bietet – wenn man bereit ist, das so zu sehen – auch neue Freiheiten.

Sechs Wochen mit Frieda. Das war und ist manchmal Stress und Generve. Aber eben auch jede Menge Lachen, Herumtoben, Wiedersehensfreude, Rührung. Auch eine neue Entdeckung der Langsamkeit, neue Blicke für die Natur. Und vieles, vieles mehr.

FRIEDAS ERSTER SOMMER

Hauptsache, der Regen ist warm. Wer sich einen Welpen ins Haus holt, sollte es in der richtigen Jahreszeit tun.

Das Leben von Mensch und Hund ist eine Wissenschaft für sich – jedenfalls wenn man den enormen Output an Büchern und Zeitschriften sieht, gar nicht zu reden von TV-Sendungen oder den unzählbaren Internetforen. Von Akupunktur bis Zahnarzt: kein Thema, das nicht angesprochen wird. Fast alles ist enorm hilfreich, einiges widersprüchlich und vermutlich auch falsch. Manches, wie zum Beispiel das gelegentliche Knurren von Welpen, erscheint mir immer noch schlichtweg rätselhaft und wird von Experten auch völlig unterschiedlich bewertet.

Da ist es gut, wenn man sich trotz aller Informationsflut seinen gesunden Menschenverstand bewahrt hat. Danke bei dieser Gelegenheit auch an die Abendblatt-Leser, die mir mit freundlichen Tipps und kritischen Nachfragen immer wieder zeigen, wie kommunikativ Hundehalter sind. Aber das weiß ja sowieso jeder, der mal mit Hund durch einen Park gegangen ist.

Aber nun zu einem Tipp, den ich als nicht mehr junger Neu-Hundebesitzer viel zu wenig kommuniziert finde. Es geht um das Wetter, genauer gesagt um die Jahreszeit. Also unbedingt beachten: Wer sich auf das Abenteuer „Leben mit einem Welpen“ einlässt, sollte das im Frühjahr oder Sommer tun.

Ich gebe ehrlich zu, dass wir uns darüber zu wenig Gedanken gemacht hatten und eher zufällig die richtige Zeit für den Frieda-Start erwischt haben. Sie kam Anfang Juni nach Hamburg, war noch nicht stubenrein und schlief nachts nicht durch. Die ersten Wochen waren damals für hiesige Verhältnisse noch relativ sonnig und halfen bei der Eingewöhnungsphase enorm. Es ist eben eine Erleichterung, wenn man im Morgengrauen mit dem Hund Gassi geht – und es ist schon warm. Oder wenn sich die Welpen-Spielgruppe auf einer trockenen Wiese austoben kann.

Und nun gucken Sie mal kurz aus dem Fenster, während Sie diese Zeilen lesen. So war das im Juli in den vergangenen Jahren oft, und ich bin froh, dass unser Hund zwar noch nicht – wie man so schön sagt – „aus dem Gröbsten raus ist", aber morgens immerhin schon ziemlich lange schläft.

Ein regnerischer Juli mit mittelprächtigen Temperaturen ist ja nun das eine. Aber denken Sie doch mal an Hamburgs Wetter im Januar oder Februar. Dann sieht es draußen so ähnlich aus wie jetzt, ist aber vermutlich deutlich kälter.

Diese unerfreuliche Vorstellung leitet uns über zum Thema Weihnachten, beziehungsweise Weihnachtsgeschenk. Zugegeben: Bis dahin dauert es ja nun noch eine ganze Weile, aber meinen Rat dazu kann ich gar nicht früh genug loswerden. Außerdem denkt man bei den aktuellen Temperaturen ja auch fast schon automatisch an den Dezember.

Also: Ich will mich hier wahrlich nicht über Eltern erheben, die ihrem Kind zum Fest der Liebe den heiß ersehnten Hund schenken. Ich selbst würde das aber nicht machen – zumindest keinen acht Wochen alten Welpen. Das ist zwar ein sehr liebevolles und selbstloses Präsent (zumal die Eltern wissen oder ahnen, dass sie es sind, die sich sehr schnell selbst dauernd um das Tier kümmern müssen), aber das gilt auch noch zu Ostern oder zu einem sommerlichen Geburtstag. Um es noch deutlicher zu machen – „Gassi gehen" ist ja letztlich auch nur so eine Umschreibung, die im Klartext bedeutet: Babyhund raustragen, auf die Erde setzen und warten. Und das dann bei Bodenfrost, Eisglätte und mit Taschenlampe in der Hand? Wie gesagt: Diesen Tipp würde ich an den Anfang jedes Ratgebers setzen, weil man seinem Hund und sich selbst damit eine Menge Stress ersparen kann. Im Übrigen können Sie es aber auch mit Goethe halten und mir entgegnen: „Rat zu geben ist das dümmste Handwerk, das einer treiben kann."

FRIEDAS (UND HERRCHENS) PREMIERE AM HUNDESTRAND

*Mit dem Welpen an der Ostsee –
das war ein Urlaubstag voller neuer Eindrücke
für alle Beteiligten.*

Babyhund Frieda lebt mittlerweile zwei Monate im Norden. Für die mit Hamburger Wasser getaufte Deern war es kürzlich also höchste Zeit, endlich auch mal das Meer kennenzulernen.

Wellen, Sand, Abendrot. Mit dem Hund am Meer – da hatte man früher Szenen aus Filmen mit, sagen wir mal, Kevin Costner, Patrick Swayze oder Robert Redford vor Augen. Das in einen Kaschmirpullover und Jeans gekleidete Herrchen rennt am menschenleeren Strand barfuß mit seinem Golden Retriever durch die Brandung, ein Tennisball fliegt durch die Luft und ... Schnitt.

Die Realität an der Lübecker Bucht in diesem Mischmasch-Sommer sah etwas anders aus. Zunächst musste der kleine Labradoodle erst mal den weiten Weg vom Ferienapartment zum Hundestrand schaffen – mal ordnungsgemäß an der Leine auf der Promenade, mal auf Herrchens Arm. Mit Frieda im Schlepptau startete dieser Strandtag überhaupt so ganz anders als früher. Von wegen tief durchatmen, forsch losspazieren und den Blick nach vorn gerichtet. Abschnittweise kam ich nur im Schneckentempo voran, guckte fast pausenlos nach unten – und dank des Hunde-Equipments im Rucksack fühlte sich der „Spaziergang" ähnlich spaßig an wie der tägliche Weg zur Arbeit.

Da ich hier immer eine Menge eingestehe, gebe ich jetzt zu: Ich war noch nie an einem Hundestrand. Schlimm und gemein, aber wenigstens ehrlich: Ich fand Hundestrände sogar scheußlich und wäre da früher nie ins Wasser gegangen. Und auch jetzt näherten wir uns mit ziemlicher Skepsis der für meinen Geschmack viel zu kleinen, eingezäunten Fläche mit den unzähligen Hunden. Frieda war eigentlich noch am aufgeschlossensten. „Tja, so sieht jetzt unsere Zukunft aus", murmelte ihr Frauchen reichlich sarkastisch – und sprach damit genau das aus, was mir auch gerade durch den Kopf ging. Doch als Neu-Hundehalter muss man sich nun einmal immer wieder auf ungewohnte Situationen einlassen, und dann wird doch immer irgendwie alles prima. Also auf ins Getümmel, alles geben für Frieda.

Es hört sich an wie ein Klischee, ist aber (wie immer) die reine Wahrheit: Gleich zu Anfang sah ich eine Dogge und einen Chihuahua – zwar nicht im vertrauten Spiel, aber doch ziemlich dicht beieinander. Und dazwischen so ziemlich alles an Größen, was die Schöpfung zu bieten hat.

Zu Recht wird immer viel über undisziplinierte Hundehalter berichtet, die sich nicht an die Spielregeln halten und bei jeder Krise ihren „schwierigen" Hunden die Schuld zuschieben. An diesem Strand erlebte ich nun das genaue Gegenteil. Sehr verantwortungsvolle und auch hilfsbereite Leute waren da, die sich einen schönen Tag am Meer gönnten – aber eben auch ihren Tieren. Etliche große Hunde waren zu sehen, die angeleint und mit reichlich Trinkwasser versorgt im Schatten ruhten, während in der Brandung viele kleine tobten – aber erst, nachdem sich die Halter vorher darauf verständigt hatten, dass „er" auch mitspielen darf. Über Stunden war nichts von Streit oder sonstigem Stress zu spüren, und die tierischen Hinterlassenschaften – das ist ja auch immer ein großes Thema – wurden überall ordnungsgemäß entsorgt.

Einmal mehr muss ich meine Schilderungen etwas raffen, mich sozusagen an der kurzen Leine halten (kleiner Scherz). Deshalb nun also zu Frieda selbst: Zunächst verbuddelte sie eine Krabbenschere, dann kläffte sie die Wellen an und spielte ausgiebig mit einem angespülten Tannenzapfen. Ihr neugierig-kecker Gang erlahmte danach zusehends, sie sprach dem mitgebrachten Süßwasser kräftig zu und zog irgendwann einen Schattenplatz vor. Richtig munter wurde sie erst wieder abends im Café. Das war's schon.

Fazit: Kann sein, dass mein Hund noch auf den Geschmack kommen wird von Wellen, Sand und Seetang – Frieda ist ja noch sehr jung.

Aber auch wenn wir zurzeit weit entfernt sind vom Sonnenuntergang à la Hollywood: Eine Zukunft am Hundestrand ist keine schlechte Vorstellung mehr. Und im Übrigen kann man ja auch mal ohne seinen Vierbeiner an die Ostsee fahren. Obwohl man ihn dann sicherlich schnell wieder vermissen wird.

MIT FRIEDA PLAUDERN? KOMMT AUF DEN INHALT AN

Es ist normal, einem kleinen Hund vieles zu sagen – auch in ganzen Sätzen. Aber man darf ihn nicht „zutexten".

Als ich Frieda erst wenige Tage hatte, bemerkte ich zufällig eine schimpfende Frau auf der Straße. Sie zog an einer Hundeleine, an deren Ende ein heller Labrador saß, ungefähr 20-mal so groß wie mein Welpe. „Ich hab dir doch gesagt, dass wir noch zum Einkaufen müssen", zeterte sie laut, allerdings eher genervt als böse. Der Hund wedelte angesichts dieses Wortschwalls vergnügt mit dem Schwanz und bellte aufmunternd. Für ihn war der Fall klar: Frauchen wollte ein neues Spiel ausprobieren – und laut durfte es dabei auch zugehen.

Fest vorgenommen hatte ich es mir damals: Solche Auftritte würde ich mir niemals leisten, überhaupt erschien es mir peinlich und auch völlig unnötig, derart intensiv auf ein Tier einzureden. Und heute? Zwei Monate später habe ich meine Meinung dazu geändert.

Ich bin mittlerweile sicher, dass zwar nicht alles sinnvoll ist, was wir unseren Tieren sagen, aber eine harmlose Plauderei zwischen all den zu lernenden Kommandos ist sehr schwer zu vermeiden. Frieda versteht zum Beispiel ganz eindeutig die Wörter „Fressi" und „raus". Warum soll ich nicht zu ihr sagen dürfen: „Ich gebe dir Fressi" oder „Wir gehen raus"? Hunde können die entscheidenden Wörter aus solchen Sätzen heraushören, das haben Untersuchungen gezeigt.

Das widerspricht zwar der geradezu zwingend vorgebrachten Empfehlung in zahlreichen Ratgebern, nur kurz und knapp mit dem Hund zu kommunizieren, um ihn nicht unnötig zu verwirren. Aber ich kriege das einfach (noch) nicht hin, genauso wenig wie Tausende anderer Hundehalter auch. Vielleicht sind daran auch meine Eltern schuld. „Sprich in ganzen Sätzen" hatten die mir als Kind immer streng gesagt.

Und das hat die arme Frieda nun davon: Ein Herrchen, das ihr „Gib mir den Ball" mitteilt, aber auch Sachen sagt wie: „Ich bin müde" oder „Wir gehen nach Hause".

Mit Hunden auf diese Weise sozusagen außer der Reihe zu reden ist ganz natürlich (das Wort menschlich verkneife ich mir jetzt mal) und in Maßen auch vertretbar. Ich kenne ein wirklich nettes Paar, das sich mit seinem Hund vor allem nonverbal verständigt, also mit Gesten, Ausfallschritt und so weiter. Es gibt wohl einen bekannten Hundetrainer, der das empfiehlt, weil dann weniger Stress für Mensch und Tier aufkommt. Die coole Ansage der Halterin an meine Adresse: „Wer sagt dir denn, dass dein Hund Deutsch versteht?" Hm, mag ja alles stimmen, kommt mir aber auch kalt und unpersönlich vor. Fast 1000 Begriffe können Hunde laut Forschern voneinander unterscheiden. Schade, wenn sie stattdessen vor allem fuchtelnde Hände erleben.

Viele Eltern erzählen ja schon ganz kleinen Menschenkindern von Feen, Räubern und Prinzessinnen. Sie tun das deshalb sehr früh, weil sie hoffen, dass „etwas hängen bleibt", also Wörter und Zusammenhänge begriffen und verinnerlicht werden. Warum sollte das bei Hunden so völlig anders sein? Ich kenne zum Beispiel eine Familie, deren Beagle beim Frühstück immer mit gespitzten Ohren auf dem Boden saß. Kaum fiel im Gespräch das ja nun wirklich nicht sehr hundegerechte Wort „Fahrradtour", setzte er sich neben die Fahrräder und wartete auf den Start. Meine Güte. Was geht da in einigen Haushalten möglicherweise für Potenzial verloren – da wird einem ganz schwindelig.

Aber nun mal im Ernst: Ein paar harmlose Schnacks von Mensch zu Hund müssen doch erlaubt sein, ohne dass man gleich für wunderlich gehalten wird oder das Tier ins emotionale Chaos stürzt. Entscheidend ist nach meinem Eindruck vor allem, dass man die Tiere nicht sinnlos „zutextet“. Ein Wort, das sie bestimmt nicht verstehen können, ist „gleich“. Wenn man zu seinem Hund „warte“ sagt, ist das ein sinnvolles Kommando. Ergänzt man „geht gleich weiter“, versteht der Hund nur noch Bahnhof. Dass ich meinen Hund mit „guten Morgen“ begrüße und mit „gute Nacht“ verabschiede, hätte ich früher nie geglaubt. Schaden tut’s ihr nach meinem Eindruck nicht. Frieda guckt dann nie irritiert, sondern eher ziemlich nachsichtig. Vielleicht hält sie mich für zu sabbelig, vielleicht für einen Spinner. Leider wird sie es mir nie sagen.

HAT FRIEDA EINEN 7. SINN (ODER SPINNT HERRCHEN)?

Unsere Hunde verstehen eine ganze Menge – oder warum der Labradoodle-Welpe Kinder und die Oma mag.

Kürzlich hatte ich Sie ja hier mit dem Geständnis konfrontiert, dass ich immer mal mit Frieda Small Talk halte, und gefragt, wie sinnvoll das eigentlich ist. Erwachsene Menschen haben mir mittlerweile gebeichtet, dass sie ihre Haustiere nicht nur mit „Guten Morgen" begrüßen, sondern auch mit „Wie geht's?". Antworten in Form von Worten haben sie noch nicht erhalten, allerdings sind einige sicher, dass sie eines Tages hören werden: „Danke, aber ich brauch erst mal was zu trinken."

Dass Hunde letztlich doch mehr verstehen, als man denkt, und eine Art siebten Sinn haben, schrieben mir mehrere Leser. Darunter auch Christiane M., der es manchmal so vorkommt, als verfüge ihr Hund über telepathische Fähigkeiten. Ein anderer Leser berichtet, dass sein kleiner Sohn bei Ärger in der Schule oder anderem Stress immer vom Hund getröstet wird. Dieser Leonberger legt sich dann, anders als sonst, ganz ruhig ins Kinderzimmer, so, als wolle er vermitteln: „Ich bin bei dir, erzähl mir deinen Kummer." Das Verrückte dabei ist, dass der Hund die schlechte Stimmung des Kindes offenbar an der Körpersprache ablesen kann, weil er von dem eigentlichen Anlass nichts mitbekommen haben kann.

Frieda ist ja noch ein Welpe, der selbst viel Zuwendung braucht und die Welt gerade erst kennenlernt. Überragende Fähigkeiten will ich ihr da (noch) nicht zusprechen. Obwohl …

Es gibt da eine Sache, die mich immer so sehr erstaunt, dass ich sie fast unheimlich finde. Wahr ist sie auf jeden Fall, deshalb erzähle ich Sie Ihnen hier heute mal. Unser Welpe mag es überhaupt nicht, unvermittelt hochgehoben zu werden, vor allem wenn er nicht sehen kann, wer da gerade zugreift. Das geht sehr vielen Tieren so, und Frieda kann dann sogar richtig knurrig werden.

Nun ist es schon einige Male passiert, dass die kleinen Kinder von Besuchern den Hund trotz gegenteiliger Bitten ziemlich ungeschickt packten, wenn gerade kein Erwachsener guckte. Ich will jetzt kein Drama daraus machen. Es ist ja quasi unvermeidlich, dass Kinder mit einem Hundebaby schmusen möchten, und wenn sie so ein Tier mal nicht nur virtuell erleben, ist das für viele von ihnen fast ein kleines Wunder.

Das Erstaunliche aber: Bei solchen lieb gemeinten Mini-Attacken bleibt Frieda immer ganz gelassen, so nach dem Motto: Die können das eben nicht besser. Noch eindrucksvoller ist, was wir bei unseren regelmäßigen Besuchen in der Wohnung einer 91-Jährigen erleben. Dieses Familienmitglied freut sich immer sehr über den vierbeinigen Gast, der stets etwas Licht in ihren von Demenz verdunkelten Alltag zu bringen scheint.

Schon mehrmals ist mir aufgefallen, dass Frieda sich am Anfang immer vor der alten Dame auf den Boden setzt, sie mit schräg gelegtem Kopf eine Weile beobachtet und bei den nicht immer ganz sinnvollen Reden auch zuzuhören scheint. Was sie dabei wahrnimmt, ist eine weißhaarige, schmächtige Dame mit freundlichem Gesicht, leiser Stimme und etwas fahrigen Bewegungen. Und nun wieder das Verblüffende: Obwohl Frieda von dieser Seniorin gelegentlich ganz ungeschickt gegriffen und mit einer wenig geglückten „Bell-Imitation" beglückt wird, lässt der Hund sie ganz entspannt gewähren. Mehr noch: Anders als sonst hüpft Frieda vor der alten Dame herum und kläfft sie aufmunternd an. „Spiel ruhig mit mir" könnte das nach unserem Eindruck bedeuten. Ich kann mir das nur so erklären, dass der Hund spürt, dass von der gutmütigen Greisin keine Gefahr ausgeht, genauso wenig wie von den kleinen Kindern.

Kann das sein, oder steigt mir der Alltag mit dem Welpen langsam zu Kopf? Neige ich dazu, in Friedas Verhalten Wunderdinge zu interpretieren, die möglicherweise ganz anderes bedeuten? Andere Hundebesitzer haben vermutlich schon Ähnliches erlebt, während hundelose Leser das Ganze möglicherweise für Tüdelkram halten. Dazu kann ich nur sagen, dass ich vor ein paar Monaten vieles auch noch nicht geglaubt hätte und mir noch nicht mal vorstellen konnte. Aber das Leben mit Hund bietet eben täglich neue Eindrücke – und auch viele Anlässe, nachdenklich zu werden.

AUCH HERRCHEN BRAUCHT WELPENSCHUTZ

Unser Mini-Labradoodle Frieda wuchs unter den Augen der Leser heran – und mit deren Hilfe.

Es ist eine Erkenntnis, die mich ehrlich gesagt ziemlich melancholisch stimmt – nach dem Motto: So schnell verfliegt die Zeit. Friedas Welpenzeit ging jetzt klammheimlich zu Ende, sie ist jetzt ein Junghund. Ungefähr 16 bis 18 Lebenswochen bleibt ein Hund Welpe, schreiben die einen, drei Monate die anderen. Frieda wurde Anfang April geboren, zählt also rund 20 Wochen.

Fakt ist: Für das Welpentraining ist sie nun schon zu alt (wenn auch nicht gerade zu groß), nun geht's ab in die Hundeschule. Mit dem viel zitierten Welpenschutz ist jetzt Schluss – dem auf der Hundewiese vollends zu trauen mir ehrlich gesagt meistens schwergefallen ist.

Ich selbst habe ihn in den vergangenen Wochen übrigens auch immer gehabt, so merkwürdig sich das jetzt hier lesen mag. Lassen Sie es mich so erklären: Zeitungsleser haben ja zu Recht klare Erwartungen an ihr Blatt und reagieren zum Beispiel auf Fehler und Ungenauigkeiten allergisch. Strenge Briefe und Mails sind dann oft die Folge, die man zerknirscht beantwortet. Frieda ist ja, das hatte ich Anfang Juni gleich offenbart, unser erster Hund, und die Familie hat sie zwar mit viel Liebe, aber ohne Erfahrung aufgenommen. Da ist sicherlich nicht immer alles fachbuchmäßig korrekt gelaufen, und manche hier geschilderten Aktionen und Beobachtungen mögen auch nicht richtig gewesen sein. Doch von Ihnen, liebe Leser, habe ich seit dem Start dieser Kolumne ausschließlich aufmunternde Mails und Briefe erhalten – Tenor: Wir Hundehalter schaffen das schon. Sie alle haben mir also auch eine Art Welpenschutz gewährt und mit vielen Tipps aus dem eigenen Erfahrungsschatz über die Runden geholfen.

Oft gab's einfach auch nur nette Grüße von Mensch zu Mensch, schließlich rutschen wir ja alle mit Bällchen und Spielknochen auf Fußböden herum, sprinten bei Regen durch den matschigen Park oder entwirren die merkwürdigerweise stets verknoteten Schleppleinen.

Es ist nicht möglich, alles hier wiederzugeben, ein paar Beispiele sollen reichen. Da ich nicht weiß, wer namentlich erwähnt werden möchte und wer nicht, belasse ich es mal bei den Vornamen. Hundehalter sind ja untereinander eh sehr informell.

Nachdem ich einen ziemlich chaotischen Besuch am Hundestrand beschrieben hatte, schickte mir Susanne K. ein Foto ihres Hundes, der mit 16 Jahren vergnügt in einem Pool schwimmt. Beneidenswert, wenn man in dem Alter noch so fit ist. Eine andere Leserin schrieb von ganz einsamen Hundestränden hier oben im Norden, die auch während der Saison geradezu menschen- (und hunde-)leer seien, und mailte als Beweis ein Foto mit. Wirklich eindrucksvoll das Ganze. Schade nur, dass sie den Ortsnamen für sich behalten hat – soll wohl ein Geheimtipp bleiben.

Jana R. schickte gleich ein selbst verfasstes Buch mit wertvollen Tipps. Christiane M. schreibt ziemlich regelmäßig und bestellt am Schluss immer Grüße „an Frieda und ihr Rudel“. Nachdem ich geschrieben hatte, dass mein Hund nicht so gerne Leitungswasser trinkt, kam ein Tipp von Annette W.: einfach das Regenwasser auffangen und Frieda hinstellen, klappt sofort. Stimmt, und Regen gibt's in Hamburg ja unendlich viel. Olaf S. riet mir, Trockenfutter einmal einzufrieren und dann erst nach dem Auftauen zu verfüttern. Das helfe den Tieren gegen Juckreiz. Ich will's jetzt mal ausprobieren. Egal, ob Welpe, Junghund oder Oldie – jeder Halter liebt seinen Hund vom Anfang bis zum Schluss. Vor allem das zeigt mir diese Post.

Zweimal hatte ich angedeutet, dass ich mir einige Hundeaktionen vorab ganz anders vorgestellt hatte, als sie dann mit Frieda abliefen. Dazu schrieb mir Dr. Uwe P. sehr nett, dass Frieda sich natürlich kein Bild von diesen Vorstellungen machen könne. „Sie kann nur Frieda und wird traurig sein, wenn Sie damit nicht zufrieden sind.“ Also in diesem Fall will ich hier ausnahmsweise mal etwas versprechen, nämlich, dass ich keiner Illusion nachjagen werde und mit Frieda auch künftig zufrieden bleibe. Und ich hoffe, dass auch Sie zufrieden und nachsichtig bleiben – und mir noch eine Weile Schutz gewähren.

LASS DAS MAL DAS FRAUCHEN MACHEN

Männer träumen von autarken Hunden – aber dafür braucht es mehr als Gassi gehen und Bällchen werfen.

Friedas Transformation vom Welpen zum Junghund ist nicht zu übersehen: Das Fell wird welliger und fühlt sich fester an, ihre untere Zahnreihe hat kräftige Lücken. Sollte übrigens jemand davon träumen, die Milchzähne seines Hundes als Souvenir aufzuheben: Das ist nach meinem Eindruck so gut wie unmöglich. Die landen vermutlich im Rasen, Blumenbeet oder direkt im Magen.

So oder so: Die turbulenten Zeiten werden für die Hundeeltern jetzt noch turbulenter. Denn man hatte den relativ hilflosen Welpen ja nicht nur dauernd durch die Gegend geschleppt, sondern ihm auch noch alles Mögliche nachgesehen – frei nach dem Motto: Das Tier kann es ja noch nicht besser. Junghunde dagegen verstehen und können schon eine ganze Menge mehr – jedenfalls wenn man den steinigen Weg ihrer Erziehung konsequent geht. Spätestens jetzt muss klar sein: Wer sagt, dass sein Hund „einfach so" bissig oder ein Kläffer sei, versteht nicht, dass er/sie es selbst in der Hand hat, das hinzubekommen. Mit dieser klugen Erkenntnis möchte ich dazu übergehen, ein heißes Eisen anzupacken, ohne damit (so hoffe ich) Ehekräche zu provozieren.

Also: Nach meinem Eindruck sind viele Männer bei der Erziehung der Hunde deutlich ungeduldiger und inkonsequenter als Frauen. Ich schließe mich selbst, damit das schon mal klar ist, hier ausdrücklich mit ein. Wenn man Paare in der Welpengruppe oder der Hundeschule erlebt, fällt auf: Gerne lässt er ihr den Vortritt, zum Beispiel wenn es um das Erledigen der Formalitäten geht. Auch beim Knüpfen neuer Kontakte zu anderen Haltern (und damit zu stressfreien Spielnachmittagen) legen sich die Männer vornehme Zurückhaltung auf. „Lass das mal das Frauchen machen", rief neulich einer ganz hilflos, als die Anmeldeliste herumging; gehört habe ich auch schon „Übernimm du mal, das ist doch dein Hund".

Und zu Hause? So wie viele Mütter bei Kindern die Hausaufgaben abgefragt haben, vertiefen sie jetzt mit ihren Hunden deren Übungen. Ich war ja schon stolz, als Frieda bei mir „Sitz" machte, aber das ist – so ehrlich muss man sein – nicht gerade schwer. Hunderte Mal muss man üben, bis der Hund nicht mehr an der Leine zieht, wartet oder gut „bei Fuß geht", und vieles davon ist für ihn in der Großstadt (über)lebenswichtig. Stundenlang Bällchen werfen oder die Tiere an irgendetwas zerren lassen kann zwar amüsant für Hund und Herrchen sein, hat aber mit Erziehung nicht viel zu tun.

Ein gutes Beispiel ist das nervige Gekläffe im Garten, mit dem nicht nur Pizzaboten und Handwerker behelligt werden, sondern auch laufende Rasenmäher, Harken und Besen im Einsatz. Eine „Typisch-Mann-Lösung" besteht darin, tausendmal „schscht" und „ruhig" zu rufen oder den Hund mit einem Mini-Knochen abzulenken und vorübergehend ruhig zu bekommen. Keine gute Idee, wie ich inzwischen kapiert habe.

Es ist doch so: Männer träumen zwar davon, dass sie à la Zigaretten-Cowboy mit ihrem Hund abends am Lagerfeuer sitzen oder wie ein Lord durch den Park streifen (eventuell auch noch zu Pferd). Aber sie machen gerne einen inneren Bogen um die Erkenntnis, dass es bis dahin ein sehr weiter Weg sein kann.

Ich erinnere mich noch, wie früher in meinem damaligen Tennisclub fast jeden Tag ein Mann mit seinem Dackel aufkreuzte. Herrchen setzte sich an den Tresen, trank ganz langsam mindestens drei Weizenbier, bevor die beiden Stunden später wieder nach Hause wackelten. Während der ganzen Zeit döste und schlief der Hund unter dem Barhocker im muffigen Clubhaus. Ich habe mir immer vorgestellt, wie dieser Mann zu Hause von seinem selbstlosen Ausflug durch Wald und Flur erzählte – und das nur, „damit Waldi endlich mal an die frische Luft kommt“. Falls Sie diesen Herrn kennen sollten, können Sie ihm gerne bestellen: Ich habe ihn durchschaut. Und ich möchte bei allen Defiziten nie so ein Herrchen sein.

PANIK IM PARK: FRIEDA GERÄT IN LEBENSGEFAHR

Der Mini-Labradoodle läuft plötzlich davon und wird fast überfahren. Schuld war Herrchens Leichtsinn.

Zunächst das Geständnis: Alles meine Schuld. Immer wieder hört man davon, dass Hunde auch mal ausreißen, oft stundenlang gesucht werden müssen und sich unbewusst in große Gefahr begeben. Trotzdem dachte ich, dass mir das nicht passieren könnte – ein gefährlicher Trugschluss.

Das Herumtoben und „Bällchen bringen“ hatte mit Frieda im eingezäunten Garten und in den Tiefen der gesicherten Hunde-Auslaufflächen immer gut geklappt, auch ohne Leine. Vor ein paar Tagen war ich dann mit ihr in einem anderen Park auf dem Weg zu einer Spielwiese, relativ neues Terrain für uns beide. An der Schleppleine ging sie neben mir einen Hügel hinauf, oben dann der Fehler: Ich löste die Leine zu früh und warf ihr Bällchen in Richtung der sicheren Spielfläche, die nur noch ungefähr zwei Meter entfernt lag. Doch statt hinterherzulaufen, entschied sich Frieda völlig überraschend für die entgegengesetzte Richtung und tobte den Hügel wieder hinunter.

Der weite, leere Raum zog sie offenbar magisch an, wie ausgewechselt kam sie mir plötzlich vor. Der sonst eher vorsichtige Hund, der sich sehr an sein Rudel (also uns) hält, war überhaupt nicht zu bremsen und ignorierte sämtliche Kommandos. Obwohl relativ gut in Form und mittlerweile an Sprints mit Hund gewöhnt, konnte ich überhaupt nicht mithalten, stolperte brüllend und winkend hinter ihr her. Alphatiere sehen anders aus. Immer wieder stoppte Frieda kurz, blickte sich um und – düste weiter. Sollte das ein Spiel werden, wollte sie mich ärgern? Rückblickend kommt es mir so vor, dass nicht Abenteuerlust, sondern eher Panik sie antrieb, ihr Tempo auf der abschüssigen Fläche wohl auch unbehaglich hoch wurde. Was genau los war, verstehe ich bis heute nicht. Was ich aber schlagartig und dann mit wachsender Panik realisierte: Frieda flitzte – mal schnurstracks geradeaus, mal mehr seitwärts rollend – in Richtung Ausgang. Und direkt dahinter verläuft eine viel befahrene Straße.

In diesem Moment schoss mir ein Gedanke durch den Kopf, den alle Menschen kennen, und der einen nur in schlimmsten Krisensituationen anfällt: Das war's jetzt. Diese Worte sind so grauenhaft, weil man dann sicher ist, dass etwas Schreckliches nicht mehr aufzuhalten ist – und dies oft ja leider auch stimmt. Wenn ich das hier so aufschreibe, wird mir wieder ganz beklommen zumute: Frieda raste genau auf die Straße zu – mitten ins scheinbare Verderben und nicht mehr zu stoppen.

Frieda, mein liebes Hundekind. Ich sah sie schon ganz sicher von einem Auto erfasst und durch die Luft geschleudert oder von einem Reifen zermalmt. Zwar lief nicht das ganze Leben mit ihr vor meinem geistigen Auge als Film ab, aber eine kleine Episode doch als Flash: Frieda leckt morgens quasi im Vorbeigehen den Tau vom Gras. Diesen Eindruck finde ich so bezaubernd, dass ich ihn im Alltag immer wieder abrufen muss. Und nun das: Im Zickzack wetzte sie über die Fahrspur, hinter einem fahrenden Auto vorbei in die Gegenspur, um dann schon auf dem Gehsteig gegenüber anzukommen. Wie durch ein Wunder war (noch) nichts passiert, aber sie lief unruhig hin und her, immer noch gefährlich nahe an den nun wieder vorbeirollenden Autos. Inzwischen hatte ich auch die Straße erreicht, stoppte zwei Autos mit Handzeichen und trieb Klein-Frieda in einen Vorgarten, wo ich sie endlich packen und wieder anleinen konnte. Eigentlich hätte ich den zitternden und japsenden Hund jetzt wohl packen müssen, schimpfen, ihr irgendwie klarmachen, dass sie so etwas nie, nie wieder tun darf. Aber ich war so erleichtert und so fertig, dass ich das glatt vergaß. Hm. Vermutlich war das der nächste Fehler. Und hier noch ein letztes Eingeständnis: Nicht nur Frieda schlief zu Hause im Körbchen sofort ein, sondern auch Herrchen – ganz ungeplant und mitten auf dem Fußboden.

Später guckte sie mich mit schräg gelegtem Kopf treu-neugierig an, aber gewiss nicht schuldbewusst. Kein Wunder: Die Schuld muss ich schon selbst übernehmen, was ich hiermit tue. Für solche waghalsigen Park-Aktionen ist sie eben noch zu jung und untrainiert. Nie wieder werde ich so leichtsinnig sein. Versprochen, mein lieber Hund.

IST ES SO SCHLIMM, WENN JUNGE HUNDE MAL KNURREN?

Unter Experten und Haltern wird kaum ein Thema so kontrovers diskutiert. Friedas Herrchen war lange ratlos.

Die erste Überraschung war, dass schon Welpen ganz schön laut knurren können, wenn ihnen etwas nicht passt. Die zweite war, wie unterschiedlich Hundehalter und Experten damit umgehen. Lesen Sie das entsprechende Stichwort spaßeshalber doch mal in verschiedenen Hunderatgebern nach oder gucken Sie mal in die Internetforen zum Thema. Ein riesiges Spektrum ist da abgebildet, das – vereinfacht gesagt – alle Bereiche von „mittlerer Katastrophe“ bis zu „halb so schlimm“ abdeckt.

Als Hunde-Neuling wird man davon erst mal ganz schön verunsichert. In einigen Ratgebern heißt es klipp und klar, dass sich Herrchen und Frauchen keinesfalls anknurren lassen dürfen und dass viele unerfreuliche Dinge folgen können, wenn man es doch zulässt. Immer Chef bleiben, immer zeigen, wer das Rudel anführt. Knurren sei die Vorstufe von Beißen, steht dort, und das ist ja auch wirklich absolut inakzeptabel.

Als Gegenmittel wird dann immer das „Unterwerfen“ empfohlen, also laienhaft beschrieben: den Hund packen und sehr energisch niederdrücken oder auf den Rücken drehen. Welpen- und Hundetrainer haben mir das schon eindrucksvoll demonstriert – klappt immer sofort. Bei denen jedenfalls. Beim eigenen Hund sind solche Aktionen aber deutlich schwieriger, vor allem, wenn einem die Erfahrung fehlt. Hunde merken ja sofort, ob man innerlich wirklich hinter einer Sache steht – genau wie Pferde auch realisieren, ob derjenige etwas kann, der da auf ihrem Rücken sitzt.

Hund Frieda knurrte oft, wenn sie sich beim (Ein-)Schlafen gestört fühlte oder wenn man ihr das Futter streitig machen wollte. Was tun?

Zweimal hintereinander habe er seinem Hund auf die Nase gehauen, „dann war Ruhe“, sagte mir neulich ein Bekannter, ein anderer habe seinen Hund „durchs halbe Zimmer geschleudert“. Im Internet schreibt ein Mann: „Zieht Bauarbeiter-Handschuhe an und regelt das. Ist schließlich nur ein Hund.“ Sind das gut gemeinte Ratschläge? Ich bekenne freimütig: Das gefällt mir alles nicht. Gerade kleine Hunde hart anzupacken liegt eben nicht jedem, außerdem habe ich oft das Gefühl, dass wegen einer Lappalie die Situation unnötig eskalieren könnte. Halten Sie mich ruhig für ein Weichei, aber warum kann man es nicht einfach akzeptieren, dass der Hund seine Ruhe haben will? „Wie soll er denn sonst klarmachen, dass ihm etwas nicht passt“, sagte neulich eine erfahrene Tierärztin dazu, „kleine Kinder schreien und quengeln dann ja auch.“ Sie und auch andere empfehlen, die Knurr-Situationen zu umschiffen oder es eben gar nicht erst so weit kommen lassen. Das geht, indem man den Hund einfach ignoriert und weggeht oder mit Geräuschen die krisenhafte Stimmung sozusagen umleitet.

Alles soweit klar, aber: Jederzeit müsse man einem Hund das Fressen entwinden können, steht in vielen Ratgebern. Das könne lebensrettend sein, wenn er etwas Giftiges im Maul hat. Ich halte Sie mal darüber auf dem Laufenden, ob und wie gut das bei Frieda künftig klappt. Aktuell? Sagen wir mal: Wir arbeiten dran.

Außer in den beschriebenen Situationen hat Frieda übrigens noch nie geknurrt. Sie geht fröhlich auf Fremde zu, lässt sich gerne streicheln, hat keine Probleme mit anderen Hunden. Ich könnte noch ein paar ihrer Vorzüge aufzählen, aber ich will Sie nicht langweilen. Sie wissen ja sicherlich selbst: Alle Hunde haben ja auch einen individuellen Charakter, und welche Regeln zu wem passen, muss man ausprobieren und sich auch mal auf seinen gesunden Menschenverstand verlassen.

Meine 88 Jahre alte Tante hatte zeitlebens pflegeleichte, liebenswerte Hunde. Wie sie das gemacht habe, wollte ich kürzlich wissen. Drei Grundsätze habe sie beherzigt, an die sich schon ihre Großeltern (!) immer gehalten hatten: 1. Wenn der Hund schläft, wird er nicht gestört. 2. Wenn der Hund frisst, wird nicht gestört. 3. An und in seiner Hütte oder Box hat niemand etwas zu suchen. Das ist sein Rückzugsort.

Den vielen Hunde-Experten mag das zwar etwas hausbacken vorkommen, aber wir halten uns auch an diese Regeln. Und aktuell läuft alles super.

ALLEINE IM PARK – IST FRIEDA FRÜHREIF?

Fünfeinhalb Monate ist die kleine Hündin jetzt. Doch beim Spielen gerät sie immer an die Falschen.

Frieda teilt nun schon seit dreieinhalb Monaten unser Leben. Komisch: Es kommt mir vor, als sei sie schon viel länger Familienmitglied. Das muss daran liegen, dass Hunde im Alltag schnell eine so große Präsenz entwickeln, dass man sich die Zeit ohne sie kaum noch vorstellen kann. Möchte ich auch gar nicht.

Hunde füllen eine Lücke, von der man vorher gar nicht wusste, dass sie da war, sagt ein Sprichwort – und das stimmt. Ein bisschen sieht Frieda jetzt aus wie ein ganz kleiner Irish Setter mit einem Dackelgesicht. Sorry für diesen unziemlichen Vergleich. Der Mini-Labradoodle ist ganz schön gewachsen, aber alles andere als eine Riesin. Nur rund vier Kilo bringt sie aktuell auf die Waage, ein bis zwei mehr sollen es wohl noch werden. Das ist zwar weniger, als die Züchterin ursprünglich mal angegeben hatte, aber wir lieben sie so, wie sie ist. Das tut ja wohl so ziemlich jeder Halter.

Außerdem hat ein kleiner Hund auch Vorteile – unter anderem braucht er nicht so viel Platz in Haus und Auto, lässt sich auf Reisen leichter mitnehmen und, und, und. Nachteile gibt's auch. Einer, den ich so gar nicht erwartet hatte: Frieda findet bei den Tobereien auf Hamburgs Hundewiesen kaum Anschluss an größere Artgenossen.

Als Hunde-Laie denkt man zunächst, dass große Hunde den kleinen permanent Ärger bereiten, sie attackieren, unterdrücken und Schlimmeres. Das mag es geben, aber nach meiner (zugegebenermaßen noch etwas rudimentären) Erfahrung ist eher das Gegenteil der Fall: Die Kleinen sind den Großen schlichtweg egal.

Merkwürdigerweise möchte Frieda aber dauernd gerade mit deutlich Größeren spielen – so wie nervige Mittelstufenschüler, die unbedingt bei den Partys der Abiturienten mitmischen wollen. Und genau wie diese holt sie sich eine Abfuhr nach der anderen. Ist sie frühreif? Könnte sein.

Dabei legt sie sich mächtig ins Zeug. Bei der ersten Begegnung gibt sie sich zunächst immer etwas vorsichtig, dann geht sie allerdings ziemlich schnell und keck in die Offensive. Die Spielaufforderungen sehen ungefähr so aus: Erst hüpft sie vor den Auserwählten hin und her, dann stupst sie ihnen, weiterhin tänzelnd, mit den Pfoten ziemlich energisch Richtung Nase, was wie „Anklopfen" wirkt. Wenn alles nichts nützt, folgt noch ein munteres Umspringen mit scheinbarem Weglaufen und Wiederkommen – nach dem Motto: Jag mich mal. So witzig das aussieht, so wirkungslos bleibt es oft leider.

Und wenn man versucht, dem Glück etwas auf die Sprünge zu helfen, zum Beispiel über einen Ausflug mit Freunden und deren Vierbeinern, ist der Frust oft programmiert. Beim Bällchenwerfen hatte es Frieda neulich so schwer, neben einem langbeinigen Artgenossen auch nur einen Erfolg zu verbuchen, dass sie sich nach einer Weile beleidigt verzog und ihrem Ärger beim Attackieren eines Maulwurfshügels freien Lauf ließ.

Ich liebe es, mit Frieda durch den Park zu toben, hinter Tennisbällen herzujagen oder Dinge zu verstecken, die sie dann mit großem Eifer suchen und (manchmal mit etwas Nachhilfe) auch finden kann. Durch einige Parks bin ich schon 20 Jahre lang spaziert, jetzt entdecke ich dort plötzlich nie bemerkte Hohlräume unter Bäumen, zugewachsene Bachläufe und versteckte Seitenwege, die ich mit der (angeleinten) Frieda ablaufe. Ehrlicherweise muss ich aber zugeben, dass ich ihr auch gerne mal fünf Minuten beim Toben zugucken würde, ohne selbst irgendetwas anleiern zu müssen. Bleibt zu hoffen, dass Frieda in den kommenden Monaten noch die passenden Spielfreunde finden wird.

AUCH HUNDE HABEN MACKEN – WENN MAN SIE LÄSST

Mit skurrilen Eigenarten halten die Tiere ihre Halter auf Trab. Manches ist dabei aber auch gar nicht so lustig.

Immer wieder wird klargestellt, dass man seine Tiere nicht vermenschlichen soll. Das ist sicherlich richtig, aber nicht immer leicht zu beherzigen. Denn so wie alle Menschen ihre spezifischen Macken pflegen, haben Hunde auf diesem Gebiet auch so einiges zu bieten.

Ich spreche hier nicht von ganz normalen Verhaltensweisen wie dem „Gnabbeln" an Herrchens Händen oder diesem In-die-Hacken-Zwicken beim Spazierengehen. Es geht viel mehr um allerlei kuriose Angewohnheiten aus dem Hundealltag. „Macke" ist ja ein Wort mit vielen Bedeutungen – es deckt von der zwanghaften Persönlichkeitsstörung bis zur Schrulle ein breites Spektrum ab. Manches mag dabei amüsant klingen, aber man darf nicht vergessen: Oft haben die Tiere echte Phobien entwickelt, zum Beispiel, weil sie schlimme Erfahrungen in der Kinderzeit gemacht haben. Und der Stress, den das für Tier und Halter verursachen kann, ist alles andere als witzig.

Manchmal haben sich die skurrilen Verhaltensweisen aber auch vor allem verfestigt, weil es für beide Seiten einfach bequem ist. Wenn Frauchen oder Herrchen nicht irgendwann gegensteuern, signalisieren sie Zustimmung. Der Hund verinnerlicht dann zum Beispiel, dass er auf einer Treppe immer getragen werden muss oder an jeder beliebigen Stelle in der Wohnung „Fressi“ bekommt. Um es hier klarzustellen: Ich meine mit „Macken“ ein paar sonderbare Eigenarten, Verrücktheiten, aber natürlich keinesfalls schwere Störungen.

In der Hundeschule und bei Gesprächen im Park wurden in den vergangenen Monaten Hunde-Macken thematisiert, von denen ich vorher noch nie etwas gehört hatte. Alleine rund ums Autofahren spielen sich offenbar überall in der Stadt echte Dramen ab. Eine Frau berichtete, dass ihr Hund sofort anfängt zu jaulen, wenn sie den Motor ausstellt – so nach dem Motto: Gleich müssen wir uns wohl trennen. Eine andere konnte ihren knurrenden Hund monatelang nicht aus dem Fond ziehen, weil er diesen Teil des Autos als eine Art Hütte beanspruchte. Manche Hunde reagieren auf Spielwiesen überhaupt nicht auf ihre Artgenossen, andere wiederum bellen jeden Hund weg, der nur in ihre Nähe kommt. Auch beim Gassigehen ereignet sich anscheinend oft Kurioses. Ein Hund musste wochenlang immer zu einer bestimmten Stelle geführt werden, weil er nur dort „konnte“, ein anderer pinkelte ausschließlich gegen Haustüren. Na, die Nachbarn waren bestimmt begeistert.

Solche Sachen kenne ich von meinem Hund gar nicht, aber einiges gibt es schon zu berichten. Zwei Beispiele: Frieda kann (noch) nicht über im Boden eingelassene Metallgitter gehen, die ihr offenbar Angst machen. Das ist problematisch und erfordert manchen Umweg, wenn ein Türrost die ganze Breite eines Eingangs abdeckt. Auch ihre merkwürdige Einschlafhaltung irritiert mich: Sie legt nämlich ihren Hals auf den Rand des Körbchens und lässt den Kopf außerhalb weit nach unten hängen. Bequem sieht das nicht gerade aus und erinnert mich leider immer an die obligatorische Guillotinen-Szene aus diversen Historienschinken.

Hier noch ein interessanter Fall: Leserin Annette W. berichtete mir, dass ihr sonst sehr folgsamer Hund bei Spaziergängen monatelang einfach weglief und nur unter größten Mühen wieder aufzufinden war. Intensives Training, sogar mit Einzelbetreuung, brachte mal eine Änderung, dann war alles wieder beim Alten. Eines Tages langte es ihr, und sie ging – wie sie ehrlich zugibt – während der x-ten Suchaktion gestresst, entnervt und traurig einfach nach Hause, erstmals, ohne sich weiter um das Tier zu kümmern. Ihre Kinder reagierten fassungslos, suchten den Hund, fanden ihn nach Stunden auch wohlbehalten. Der Clou der ganzen Geschichte: Von diesem Tag an lief der Ausreißer nicht mehr weg. Offenbar war ihm klar geworden, dass er seine Macke lieber nicht weiter pflegen sollte.

Mit den Macken ist es doch so: Entweder trainiert man sie weg oder sie verschwinden von selbst. Oder sie bleiben, und man gewöhnt sich dran – findet sie mit der Zeit vielleicht sogar liebenswert. Denn gerade die harmlosen Verrücktheiten können das Leben mit Hund ja schön und interessant machen.

FRIEDA UND IHR RUDEL WERDEN BEGUTACHTET

Warum eine Supervision zu Hause durch eine Expertin oder einen Experten für alle sehr hilfreich sein kann.

In der vergangenen Woche hatte ich Ihnen von Verhaltensweisen diverser Hunde berichtet, die zum Teil höchst merkwürdig anmuten. Spleen, Macke oder alles ganz normal – das ist für Laien und auch für manche erfahrene Halter nur schwer zu interpretieren.

Ein paar Tage später stellte mir eine Leserin beim zufälligen Treffen im Park ihren Hund und dessen „Spezialität" vor. Und die finde ich so außergewöhnlich, dass ich sie hier einmal aufschreiben muss. Dieser Hund kann grundsätzlich nicht angeleint werden, was ja für sich genommen schon bemerkenswert ist. Nach diversen Trainingsstunden haben der Dame jetzt auch Tierärzte bestätigt, dass sie sich damit abfinden sollte, wobei die Ursache ganz unklar ist und wohl auch bleiben wird. Der Hund, nennen wir ihn Max, geht nun immer dicht neben dem Frauchen, so wie an einer unsichtbaren Leine. Er ist sehr gut erzogen und liebenswert und hört nach meinem Eindruck besser als mancher angeleinte Hund.

Aber jetzt kommt es: Wenn auf der Freilauffläche oder an deren Rand Hundehalter mit angeleinten Tieren erscheinen, will Max diese Artgenossen immer „befreien". Er fordert sie zum Spielen auf und beißt in Windeseile die jeweilige Leine durch. Das ging einige Male so schnell, dass die Halterin schon drei

Leinen bezahlen musste. Ich habe noch nie von einem solchen Fall gehört oder gelesen und finde ihn ehrlich gesagt tragikomisch. Max' Frauchen, eine erfahrene Hundekennerin, hat mir versichert, dass sie den Hund mit dieser Angewohnheit schon übernommen hat und das Ganze nach langen Bemühungen jetzt so akzeptiert, wie es nun mal ist. Hört sich nachvollziehbar und sympathisch an, aber ist das nun richtig oder nicht? Damit komme ich auf ein Thema, das mich aktuell sehr beschäftigt.

Bei der Hundeerziehung etwas falsch machen – da denken Laien meistens an Begriffe wie Vernachlässigung, zu wenig Bewegung, einseitige Ernährung, aber auch übermäßiges Verwöhnen. Das sind aber alles Beispiele für ganz offenkundige Fehler, die sich mithilfe von schriftlichen und mündlichen Ratschlägen schnell feststellen und korrigieren lassen – auch und gerade in der Hundeschule. Doch viele vermeintlich kleine Fehler schleichen sich im Alltag ziemlich unbemerkt ein – und werden dann irgendwann zu großen Problemen. Welpen- und Hundetraining bieten ja nur Momentaufnahmen für ein paar Stunden in ziemlich großen Gruppen, und wie es dann zu Hause weitergeht, bekommen die Trainer meist gar nicht mehr mit. Mich erinnerte das immer wieder an den Französischkursus, den ich vor Jahren mal an einer Volkshochschule besuchte. Von den 23 Teilnehmern mit ihren sehr unterschiedlichen Vorkenntnissen kam jeder im Schnitt dreimal dran. Den Rest erspare ich Ihnen hier mal, mein Französisch ist jedenfalls immer noch miserabel.

Worauf ich hinaus möchte: Kürzlich haben wir uns mal den Besuch einer Hundetrainerin gegönnt, die Frieda und ihr menschliches Rudel für anderthalb Stunden gründlich in der häuslichen Umgebung begutachtete. Solche Einzelstunden sind ziemlich arbeitsintensiv, ganz schön ernüchternd – und deshalb auch absolut empfehlenswert. Denn man merkt als Hundehalter zwar, dass nicht immer alles optimal läuft, aber erst der fachliche Rat von außen bringt Klarheit. Rat von Leuten, die wirklich etwas davon verstehen und Zeit, Geduld und das nötige didaktische Talent mitbringen, den wohlmeinenden Hundeeltern auf die Sprünge zu helfen – auch wenn so eine Sitzung nicht gerade günstig ist.

Aber der Reihe nach. Schon die Begutachtung der Wohnräume brachte Ernüchterung. Hundetrainerin Anni entdeckte zu viel Spielzeug in den Ecken und auch zwei Kauknochen (einer lag unterm Schrank) – alles gut gemeinte Geschenke lieber Besucher. Aber wie soll Frieda verstehen, dass die Spielerei mit Stofftieren und Bällchen etwas Besonderes ist, wenn der Kram den ganzen Tag lang vor ihrer Nase liegt?

Nach diesem eher harmlosen Einstieg ging es danach Schlag auf Schlag. Die Begutachtung verlief insgesamt ziemlich haarig, also leider auch nicht gerade glanzvoll für Friedas Herrchen.

BEI STREICHELEINHEITEN IST FRIEDA NICHT WÄHLERISCH

Gegenüber Fremden zeigt sie keinerlei Scheu. Eigentlich ist das schön – oder doch ein Grund zur Sorge?

Die Diskussion über die Abschaffung der Zeitumstellung will ich hier nicht noch mal anschieben, weil sich das Thema ja nun erledigt hat. Aber ist eigentlich allen klar, dass die Sonne im Dezember dann erst um halb zehn Uhr morgens aufgehen wird? Kann man sich als Hundehalter darüber freuen? Nach den vielen schönen Tagen in diesem Jahr kommt unsereins das morgendliche Gassigehen aktuell ohnehin schon so kühl und düster vor – wie soll das bloß weitergehen? Ich teile das EU-Präsident Juncker hier mal so mit, auch in Friedas Namen.

Apropos Gassigehen. Die gute Frieda hat sich in den vergangenen Wochen prächtig entwickelt und etliches dazugelernt. Wie bei einem Menschenkind kann man jede Menge Fortschritte beobachten, und sie versteht auch schon deutlich mehr Anweisungen als noch vor einem halben Jahr. Bei „rausgehen" stratzt sie morgens mutig und aufgeschlossen zur Wohnungstür und dann weiter durch die Weltgeschichte.

Erstaunlich finde ich, wie wenig Distanz sie mittlerweile zu flüchtigen Bekannten und sogar zu ganz Fremden hat. Von jeder und jedem lässt sich Frieda ausgiebig streicheln und kraulen – manche Menschen fragen ja gar nicht erst lange, bevor sie loslegen. Kann ich zwar nachvollziehen, aber eigentlich ist das eine zweischneidige Sache. Ich finde es ja gut, dass Frieda nicht so ängstlich ist, aber mögen Hunde diese Aufmerksamkeit und das Betatscht-Werden überhaupt? Müsste sie nicht misstrauischer oder skeptischer sein? Dass sie es nicht ist, hat sicherlich viel damit zu tun, dass ihre Menschen ja immer mit dabei sind und sie sich sicher fühlen kann. Und ihren Unwillen, da bin ich sicher, würde sie zur Not deutlich zeigen. Davon kann aktuell keine Rede sein.

Als ein Nachbar sie neulich am Kopf kraulte und immer „mein Friedalein" sagte, rollte sie auf den Rücken und guckte ganz verliebt. Normalerweise lässt sie sich nicht gerne auf den Arm nehmen, aber dem vierschrötigen Handwerker, der sie, ohne lange nachzufragen, hochhob und laut „Soso, du bist also die Frieda" rief, leckte sie begeistert die Hände ab. In der vergangenen Woche ging ein Mann in die entgegengesetzte Richtung an uns vorbei, wedelte mit der Hand auf Höhe von Friedas kleinem Kopf und sagte scherzhaft: „Na, du bist ja eine Süße. Komm doch mal mit; na, komm mal mit mir." Prompt drehte sie sich um und folgte ihm herumscharwenzelnd bis zur nächsten Straßenecke, alle halbwegs freundlichen Rufe des Herrchens vergnügt ignorierend. Erst als ich strenger rief und der Typ sie parallel zurückschickte („na, geh man, Herrchen ist sonst ganz traurig"), klärte sich das.

Etwas Ähnliches geschah zwei Tage später auf der Hundewiese. Friedebutsch spielte mit zwei Bekannten, von denen die eine, eine Golden-Retriever-Hündin, zufällig auch Frieda heißt. Als sich deren Herrchen auf den Heimweg machte und energisch „Komm mit, Frieda" rief, setzte sich mein Hundemädchen sofort folgsam in Bewegung, während seine Frieda weitertobte. Wäre sie jetzt einfach so mit denen mitgegangen? Hätte sie ein neues Leben in anderen Haushalten begonnen? Ich möchte es lieber nicht ausprobieren.

„Och, ist der süß", raunte erst gestern eine junge Frau ihrer Freundin zu, als sie uns erblickte. Gemeint war natürlich mal wieder Frieda – schade eigentlich. Aber sehr verständlich. Obwohl man über ihr Äußeres auch geteilter Meinung sein kann. Kürzlich radelte eine Clique Teenager an uns vorbei, und einer der Jungs guckte Frieda amüsiert an. Ihre eher schmächtige

Gestalt und das rotbraune Fell mit buschigem Schwanz sorgten bei diesem Knaben offenkundig für einen Geistesblitz.

„Habt ihr gesehen, Leute“, rief er seinen Kumpels hinterher, „ein Eichhörnchen an der Leine!“ Entgeistert blieb ich stehen. Solche absurden Dreistigkeiten? Über meine Frieda? Ich setzte gerade dazu an, dem nichtsnutzigen Heini ein paar spitze Bemerkungen über sein eigenes Aussehen hinterherzurufen, da stupste Friedebutsch mich mit der Schnauze an, so nach dem Motto: Lass uns endlich mal weiterziehen.

Und das taten wir dann auch. Auf zu neuen Streichen und Begegnungen in einem hoffentlich goldenen Oktober.

HUSCH, HUSCH INS HUNDEKÖRBCHEN

Die Supervision durch die Hundetrainerin zeigt, worauf wir bei Friedas Schlafplatz nicht geachtet hatten.

Nicht alles ist beim Zusammenspiel von Frieda und ihrer Menschenfamilie in den vergangenen Monaten optimal gelaufen – das hatte ich ja schon anklingen lassen. Hier nun ein paar weitere Auffälligkeiten, die Hundetrainerin Anni bei ihren individuellen Besuchen ausgemacht hat.

Genau wie das viele Spielzeug wurden die zwei herumliegenden Knochen (wir erinnern uns) auf ihr Geheiß hin erst mal weggepackt. Bei dem einen handelte es sich übrigens um irgendein getrocknetes Tierohr (Rind?), das unter uns gesagt mittlerweile einen abscheulichen Geruch entwickelt hat. Frieda liebt es trotzdem, oder gerade deshalb, aber auch hier gilt: So etwas darf ihr nicht alle Tage einfach zur Verfügung stehen, sondern muss als Besonderheit ab und an präsentiert werden.

Dass Frieda nur einen einzigen festen Schlafplatz hat, den sie auch gerne aufsucht, hatten wir eigentlich als großen Erziehungserfolg verbucht. Nun stellte sich heraus, dass der Standort im Flur in der Nähe der Haustür keineswegs so ideal war, wie er uns vorkam.

Anni wurde gleich klar: An dieser Stelle ist zu viel Durchgangsverkehr, richtig zur Ruhe kommen kann der Hund dort auf Dauer gar nicht. Häufiger, als wir gedacht hatten, döste sie wohl nur im Halbschlaf vor sich hin, immer wieder aufgeschreckt von den Familienmitgliedern und Besuchern, die möglichst leise dort vorbeischlichen.

Und nicht nur das. Die erfahrene Hundetrainerin hält es für wahrscheinlich, dass Frieda diesen Platz permanent mit einer Art Arbeitsauftrag verbunden hat, nämlich dem, die Wohnung zu bewachen und vor Fremden zu schützen – auch und gerade in der Nacht. Die Haustür erlebt sie ja täglich als Schleuse nach drinnen und draußen – mit Handwerkern, dem Briefträger, Pizzaboten und sonstigen wechselnden Besuchern, die mal reingelassen werden und mal nicht. Gut möglich, dass der Platz für den jungen Hund auch deshalb zu stressig war – ein Punkt, auf den man erst mal gebracht werden muss.

Zunächst hielt ich diese Beobachtungen zum Teil für etwas übertrieben, dann wurde mir aber klar: Frieda schläft nachts zwar rund zehn Stunden, flitzt am Tag aber dauernd aufgekratzt durch die Wohnung und scheint unerschöpfliche Energiereserven zu haben. Doch Anni warnte: 16 bis 20 Stunden Schlaf- und Ruhephasen braucht ein so junger Hund schon noch, auch wenn ihm das natürlich nicht klar ist. Was also tun?

Ehrlich gesagt fiel es uns zunächst nicht leicht, aber wir leinen Frieda nach längeren Spaziergängen oder Tobereien jetzt auch direkt bei ihrem Körbchen an, das mittlerweile in einem ruhigen Nebenraum steht. Mancher mag das falsch finden, aber unser Hund hat die neue Situation gleich akzeptiert und schläft jetzt tatsächlich mehr. Diesen Rat gebe ich gerne an alle Neu-Hundehalter weiter, deren Tier mal aufgedreht und gereizt wirkt. Sie müssen ihn ja nicht befolgen.

Und hier komme ich schon zum nächsten Punkt. Immer noch empfinden wir unsere tolle Hündin als ein Geschenk, das alle permanent um sich haben möchten. Dass man den Hund auch mal ignorieren muss und nicht jeder Spielaufforderung nachgeben darf, wissen wir auch – steht ja in jedem Fachbuch gleich am Anfang. Aber vielleicht haben wir diese Ratschläge doch nicht konsequent genug umgesetzt. Denn beim „Alltag-Spielen“ unter den wachsamen Blicken der Hundetrainerin zeigte sich: Frieda hat sich mittlerweile eine deutlich dominierendere Art angewöhnt, als uns klar war. Sie reagiert sauer, wenn man sie ausnahmsweise mal zur Seite schiebt, und setzt sich auf dem Boden dauernd auf unsere Beine. Überhaupt respektiert sie unsere Freiräume zu wenig und befolgt auch einige der insgesamt eher wenigen Anweisungen nur noch, sagen wir mal, frei nach Schnauze.

Ich will das jetzt hier nicht dramatisieren. Was uns aber klar wurde: Die Supervision war und ist enorm hilfreich, denn die Liebe zum neuen Hund gemixt mit mangelnder Erfahrung verstellt manchmal den Blick auf kleinere Probleme, die schnell zu großen werden können. Wir arbeiten jetzt daran, dass es nicht so weit kommt.

Erfolg oder Misserfolg? Ich werde Sie auf dem Laufenden halten.

BRAUCHT FRIEDA EINE ULTRASCHALL-ZAHNBÜRSTE?

Oder eine portable Stranddusche? Auf der ersten Hamburger Hundemesse gab es tierisch viel zu sehen.

Der 10. Oktober ist Welthundetag und merkwürdigerweise auch seit vielen Jahren mein Geburtstag. Na, wenn das nicht einen tieferen Sinn hat. Wie auch immer: Um das Datum gebührend zu feiern, hatte ich mir etwas Besonderes für Frieda ausgedacht: einen Besuch bei der ersten Hamburger Hundemesse. Unterhaltung und Nützliches zu verbinden ist ja immer recht sinnvoll, und die Vierbeiner waren ausdrücklich mit eingeladen.

Um solche Veranstaltungen hätte ich in meiner Vor-Frieda-Zeit vermutlich einen großen Bogen gemacht, nun war ich sogar richtig neugierig. Unglaublich voll war es vor Ort, und hinter den Türen erschloss sich eine Art Disneyland für den Hund, aber vor allem für Frauchen und Herrchen.

Elektrisierend geradezu die Abteilung für den „stylischen" Hund. Da gab es Halsbänder mit Tiermotiven, sehr hübsch und aufwendig gestaltet ... Ehrlich gesagt dachte ich im ersten Moment sogar, das seien Armbänder für die Hundehalterinnen. Ich sah schicke kleine Designermöbel, die wie Mini-Sessel mit flauschigem Bezug aussahen. Frieda würde sich daran wahrscheinlich mit Wonne die Krallen wetzen. Auch die schön gestickten Decken sind wohl eher für ruhigere Hunde geeignet. Darauf liegend könnten sie sich dann zum Beispiel vom Tier-Osteopathen behandeln lassen. Auch eine portable Stranddusche für Hunde gab es. Ob man die als Herrchen mitbenutzen kann? Sogar Tassen waren im Angebot, die wie breite Kaffeebecher aussahen, aber natürlich mit Wasser gefüllt werden sollen. Oder?

Es ist ja immer leicht, sich über solche Sachen lustig zu machen. Allerdings sind mir zwei Punkte mittlerweile klar: Ein Hund ist für manche ein Familienmitglied, für andere ein Hobby – das kann jeder sehen, wie er möchte. So oder so: Die Menschen investieren viel Geld und Energie in das Wohlbefinden ihrer zweibeinigen Lieben – warum dann beim geliebten Hund mit beidem sparen? Die einen kaufen sich eben dauernd neue Klamotten oder fahren exzessiv in Urlaub, andere geben ihr Geld für eine Ultraschall-Hundezahnbürste oder einen Hundeschlafsack aus. Ich finde das nachvollziehbar, denn – und da sind wir beim zweiten Punkt: Wer seinem Hund etwas Schönes gönnt, muss damit noch lange kein Geizkragen sein, wenn es um die Belange von anderen Menschen geht. Viele Hundehalter, die ich in den vergangenen Monaten kennenlernte, sind jedenfalls mitfühlend, hilfsbereit und tolerant, also keine Eigenbrötler, bei denen sich alles nur um den Hund dreht.

Beim Rausgehen betrachtete ich noch flugs das viele gute Hundefutter vor Ort – sogar mit Bio-Siegel und in recycelten Verpackungen wurde es angeboten. Etwas für Hundegeburtstage war auch dabei: eine Reihe dicker Leckerli in einem Kästchen mit dem Aufdruck „Happy Birthday“. Was es nicht alles gibt. Während ich es betrachtete, kam ich mit einer netten Dame ins Gespräch. Sie erzählte mir, dass sie ihren Hunden immer etwas Distelöl über das Futter träufelt, weil das angeblich schönes Haar macht. Hm. Kann ich ja auch mal ausprobieren. Bei Friedas Essen – und bei meinem eigenen natürlich auch. Denn schöne(re)s Haar hätte ich auch gerne.

Und Frieda? Die hatte von der ganzen Veranstaltung nicht viel mitbekommen und auch auf den Genuss der vor Ort angebotenen Leckerli verzichtet. Wegen des dichten Gedrängels war sie mit ihrem Frauchen nämlich draußen vor der Tür geblieben – sie ist ja noch ziemlich klein. Dort hatte sie Grasbüschel inspiziert und Fliegen gejagt. Und natürlich mit den Hunden gespielt, deren Halter es genauso gehandhabt hatten. Da ging es dann so zu wie seit Jahrhunderten – und das ganz ohne Bio-Siegel und Design.

WARUM FRIEDA SO GUT GEGEN HERBSTBLUES IST

Blätter fangen, Krähen jagen, Nieselregen trotzen. Mit unserem Labradoodle gibt's viel zu gucken und zu lachen.

Wir hatten zweieinhalb Wochen Urlaub ohne Frieda – leicht war das nicht. Ich gebe zu, dass wir uns immer mal ein paar Fotos und kleine Filme auf die Handys schicken ließen, um uns von ihrem Gedeihen und Wohlergehen zu überzeugen. Skypen? Nun, das wäre wohl übertrieben gewesen.

Ein Freund von mir hat seinen Hund von diversen Geschäftsreisen immer mal angerufen und mit ihm gesprochen. Die Kommunikation war dann natürlich recht einseitig. So oder so: Unterwegs haben wir uns wie alle Eltern oder Zieheltern verhalten, nämlich immer viel von Frieda erzählt und alle möglichen anderen Hunde mit ihr verglichen. Nichthundehalter (die ja nicht automatisch Hundegegner sind) hörten dann immer nachsichtig-geduldig zu und unterdrückten manchmal sicherlich auch ein Gähnen. Und unser dauerndes „Genau wie Frieda" hatte sich zuletzt auch etwas abgenutzt. Sie selbst soll während unserer Abwesenheit bei Menschen, die uns ähnlich sahen, immer mal abrupt stehen geblieben sein und kurz gecheckt haben, ob es ihre Zieheltern sein könnten. Etwaige Enttäuschung war ihr dann aber wohl nicht anzumerken.

Am meisten vermisst habe ich diese Begrüßungsfreude morgens. Bei aller Wertschätzung für meine Mitmenschen muss ich doch festhalten, dass sich kein Zweibeiner nach ein paar Stunden der Trennung so unbändig über ein Widersehen mit einem verschlafenen Hausgenossen freuen kann wie ein Hund. Niemand ist jemals so ausgiebig um mich herumgetanzt oder hat mich so überschwänglich angesprungen und abgeschmatzt wie die kleine Frieda. Nicht auszudenken, wenn das ein Mensch täte; ich möchte es mir auch lieber gar nicht vorstellen.

Nachdem wir das Wiedersehen tagelang zelebriert hatten („Groß ist sie geworden – und noch hübscher"), ist mittlerweile der überhaupt nicht schnöde Alltag eingekehrt. Der erste Hamburger November mit Frieda macht viel mehr Spaß als ohne sie, denn ein Hund – das ist meine Botschaft für heute – hilft locker über jeden möglichen Herbstblues hinweg. Warum? Weil es faszinierend und lustig ist, wie so ein Tier auf die Veränderungen der Natur reagiert, die es mit seinen knapp sieben Monaten ja noch gar nicht kennen kann. Faszination, Verwunderung, Ärger – vieles geht ihr jetzt offenbar durch den kleinen Kopf.

Mit ungeheurer Energie stürzt sich Frieda zum Beispiel immer wieder auf das umherwirbelnde Herbstlaub, dauernd schnappt sie sich große Blätter, die sie wohl mit Mäusen verwechselt. Als „Schönwetterhund" drückt sie sich beim Gassigehen immer so lange wie möglich an der Hauswand entlang, um dann – mit einem ärgerlichen Blick nach oben – in den kühlen Nieselregen zu tappen. Seit die Hecke zur Straße viele Blätter verloren hat, sieht Frieda plötzlich lauter Menschen, die es so vorher nicht gab. Völlig konsterniert starrt sie dorthin, knurrt gelegentlich auch wie ein Mini-Wachhund. Mit anderen Tieren kommt sie eigentlich gut klar – außer mit den vielen Krähen, die nun auf den Hunde-Auslaufflächen herumsitzen. Die werden von Frieda so energisch verfolgt, bis sie nur noch ein kleiner Punkt in der Ferne sind. Stolz kommt sie dann zurück – und ziemlich müde. Was sie mit den dicken Spinnen macht, die jetzt immer wieder in der Wohnung auftauchen, möchte ich aber hier lieber nicht ausführen.

Ein Highlight aus der letzten Zeit war Friedas Tanz um eine leckende Dachrinne. Minutenlang versuchte sie, die dicken Wassertropfen aus der Luft zu schnappen und sich gleichzeitig vor der entstandenen Pfütze in Sicherheit zu bringen – mit mittelprächtigem Erfolg. Und über ihre Reaktion auf den zweifelhaften Genuss von frisch hergestelltem sprudelnden Apfelsaft muss ich immer noch grinsen. Nur ganz kurz hatte sie ihre Zunge in das Glas gesteckt, das auf dem Fußboden stand, aber die Reaktion war trotzdem eindrucksvoll: Völlig fassungslos umkreiste sie das Getränk mit wütendem Gebell. Kribbelnder Sprudel und Frieda – das geht offenbar gar nicht.

Wie gesagt: Mit einem Hund kann kein Herbstblues aufkommen – mal sehen, was der Winter so bringt.

TREFFPUNKT PARK – DOCH DIE HALTER BLEIBEN ANONYM

Beim Spaziergang haben Frieda und ihr Herrchen viele nette, aber nur flüchtige Begegnungen.

Gehen zwei Menschen durch eine Grünanlage und rufen sich aus einiger Entfernung Folgendes zu: „Meine ist läufig." Antwort: „Meine ist auch ein Mädchen."

Das soll jetzt kein Witz sein, sondern ein typischer Dialog, den man als Hundehalter unterwegs oft hören kann. Seit ich mit Frieda frühmorgens dauernd im Park unterwegs bin, lerne ich nicht nur Büsche und Bäume besser kennen, sondern ich fühle mich immer stärker als Teil einer eingeschworenen Gemeinschaft, die mir in meiner Vor-Frieda-Zeit nie aufgefallen war. Da stehen sie wieder zusammen: Tonis Frauchen, Sams Herrchen und noch ein paar andere. Die Hunde verknäueln sich vergnügt ineinander oder pesen als Fellknäuel über die Freilauffläche.

Zeit für die Halter, sich mit Small Talk zu entspannen. Allerdings – das muss klar sein – geht es dabei auch wieder fast ausschließlich um Themen wie Hundeschule („Bei wem waren Sie?"), Tierarzt („Der? Kann ich nur von abraten") und natürlich die Tiere selbst. Manchmal erinnern mich diese netten Menschen an Eltern, die sich vor den Schulen über ihre hochbegabten Kinder unterhalten. Jeder der nach meinem Eindruck völlig unspektakulär wirkenden Vierbeiner ist ein kleines Genie, kann irgendetwas ganz besonders gut und auch viel schneller als andere. Alle sind lieb, schlau und pflegeleicht – genau das erzähle ich ja auch immer von meiner Frieda. Die hört bei den Gesprächen manchmal mit gespitzten Ohren zu und guckt, als wolle sie sagen: Irgendwie seid ihr Menschen doch alle ein bisschen verrückt.

Alleine zu der Frage Leine oder Brustgeschirr kann man sich stundenlang austauschen – und dabei sogar eine Menge lernen. Überhaupt: dieser Lerneffekt. Einst kannte ich Schäferhund, Pudel, Dackel und Spitz (gibt's den eigentlich noch?), heute kann ich schon lässig Malteser und Havaneser voneinander unterscheiden und weiß sogar, wie man Vizsla schreibt. Bolonka und Briard hätte ich noch vor ein paar Jahren für eine Fleischsuppe und einen französischen Käse gehalten, nun bin ich „voll im Thema". Und dann diese vielen geretteten Hunde ohne Züchternachweis und Ahnenpass. Unzählige sind das, vor allem wohl aus Griechenland. Hat man die vor der dortigen Finanzkrise in Sicherheit gebracht, um nun hier die Hundesteuer zu zahlen? Scherz beiseite. Alles kann man bei so viel permanentem Input nun wirklich nicht lernen und behalten.

Als eine Dame mir neulich zuflüsterte, dass ihre Hündin „leider" eine Alpha-Rüdin sei, nickte ich verständnisvoll – um dann zu Hause schnell nachzugucken, was es denn damit noch mal auf sich hat. Ich verschätze mich auch nach wie vor dauernd. „Du bist aber schon alt", sagte ich neulich ganz mitleidig zu einem kleinen Hund, der sich einen Hügel hinaufschleppte. „Genau drei Jahre", kam die schnippische Antwort der Halterin, die mich dann auch keines weiteren Blickes mehr würdigte. Bei Menschen, das zum Trost, vertue ich mich da auch immer, aber das interessierte das strenge Frauchen vermutlich nicht. Frieda sind solche Begegnungen ohnehin völlig egal. Die erkennt alte Freunde immer sofort und spielt auch gerne mit neuen.

„Da kommt ja Bonnies Frauchen", meinte einer vor ein paar Tagen, und jemand anderes sinnierte: „Ronjas Herrchen war ja wohl lange krank." Fällt Ihnen etwas auf? Alle kennen immer jeden Hundenamen, wirklich jeden. Aber wie die dazugehörenden Halter heißen, bleibt völlig unbekannt. Daran musste ich mich auch erst gewöhnen. Man steht mit flüchtigen

Bekannten zusammen, plaudert lange und geht dann wieder als flüchtige Bekannte auseinander. Monatelang geht das so, manche „kennen“ sich sogar Jahre. Wollen Hundehalter anonym bleiben? Vielleicht nicht bewusst. Der Punkt ist wohl eher, dass hier im Park nun mal die Hunde im Mittelpunkt stehen. Und bei denen reicht es ja auch, dass sie sich wiedertreffen und gerne Zeit miteinander verbringen. Die brauchen sich ja auch nicht namentlich vorzustellen, und ihre Halter (Achtung, Wortspiel) halten das eben genauso.

Bin gespannt, welche dramatischen Geschichten und wertvollen Tipps ich morgen im Park zu hören bekomme.

FRIEDAS GIBT ES ZIEMLICH VIELE – MIR DOCH EGAL

Auch Hundenamen sind nicht nur Schall und Rauch. Als Halter hört man viele kuriose Beispiele – alles außer Fifi.

Meine Kollegin Genny Wood hat mich angesprochen: Es wimmelt vor lauter Friedas in der Schulklasse ihrer Tochter. Leider nicht nur dort. Ich hatte es Ihnen bislang wohlweislich verschwiegen, aber meine liebe Hündin ist beileibe auch nicht die einzige dieses Namens. Schon die energische Hundetrainerin brachte es mit ihrem unnachahmlichen Charme bei der Vorstellung vor ein paar Monaten so auf den Punkt: „Wä, noch 'ne Frieda? Die muss ich ja bald durchnummerieren."

Mich hat das kalt erwischt. Ich hätte nie gedacht, dass Frieda mittlerweile so …, ja, lassen Sie uns das Kind ruhig beim Namen nennen, abgedroschen sein könnte.

Erst vor ein paar Tagen rief ich auf der Hunde-Auslauffläche nach ihr, als ein Mann am entgegengesetzten Ende auch immer „Frieda" brüllte. Zunächst dachte ich, dass der mich auf den Arm nehmen wollte, bis dann eine stämmige Hündin, natürlich gar nicht mit meiner Frieda zu vergleichen, zu ihm hin wackelte. Meine Frieda reagiert übrigens gar nicht, wenn irgendein x-beliebiger Mensch ihren Namen ruft. Die hört nur auf uns, egal wie viel Frieda-Getue um sie herum herrscht. Sie ist eben sehr schlau. Könnte aber möglicherweise auch damit zusammenhängen, dass wir immer Leckerli in den Jackentaschen haben. Na ja, auch egal.

Dass Frieda aus dem Althochdeutschen kommt und Frieden bedeutet, dürfte nicht wirklich überraschen. Und eigentlich logisch, dass ein solcher Name „in“ ist, denn Friedensbringer wünschen wir uns überall auf der Welt und natürlich auch in der Familie. Meine Hündin ist ja noch jung und klein, aber vielleicht kann sie eines Tages Konflikte lösen, zum Beispiel zwischen Hundehaltern und Spaziergängern.

Zurück zur Gegenwart. Es mag unglaublich klingen, aber da ich hier bekanntlich immer nur die reine Wahrheit schreibe, nun folgendes Geständnis: Als sich die Familie auf den Namen Frieda verständigte, dachte dabei überhaupt niemand an das Wort Frieden. Es ging einfach darum, einen klangvollen, eingängigen Namen zu finden, auf den der neue Hund möglichst schnell reagieren würde. Kurz und mit ein paar Vokalen, möglichst ein i – das wird ja in den Hundebüchern immer empfohlen. Ich war auch für einen witzigen Namen, und ich finde immer noch, dass Frieda witzig klingt. Ehrlich gesagt dachte ich damals sogar an Tante Frieda aus Ludwig Thomas Lausbubengeschichten – die skurrile ältliche Dame mit dem Papagei. Wenigstens was diese Assoziation betrifft, bin ich wahrscheinlich der einzige Frieda-Besitzer in Hamburg, oder? Apropos witzig und einzigartig: Gucci habe ich schon kennengelernt, Bon Jovi und Miss Moneypenny. Die coolsten Hundenamen, die ich bisher hörte, sind Helmut und Schaf.

Wissen Sie übrigens, welcher Hundename nach meiner Einschätzung wohl der seltenste überhaupt ist? Fifi! Dieses Synonym für Hund schlechthin wurde in den vergangenen Jahrzehnten so oft bemüht, dass wahrscheinlich niemand seinen Hund mehr so nennt. Ich habe auch noch nie einen Dackel erlebt, der Waldi heißt – oder gibt’s das etwa doch noch?

Als damals in Karlsruhe die kleine Labradoodle-Welpin in meiner Handfläche schlief, sagte ich zu ihr: „Hallo Frieda.“ In einem Hollywood-Schinken hätte sie vielleicht die Augen geöffnet und mich verstehend angeguckt. Das Fellbündel döste unbeeindruckt weiter, allerdings hörte es dann als kleiner Hund von Anfang an gut auf Frieda. Unglaublich anrührend ist das, wenn so ein Hundekind stutzt, sobald sein Name gerufen wird, dann hochguckt, überlegt – und schließlich losstolpert. Wenn ich sie Alkmene oder Brünhilde genannt hätte, wäre sie vermutlich die einzige in dieser Stadt, aber ich finde sie auch als Frieda einzigartig und unverwechselbar.

Das geht wohl jedem Hundehalter mit seinem Tier so. Von Shakespeare gibt es dazu ein berühmtes Zitat: „Was ist ein Name? Was uns Rose heißt, wie es auch hieße, würde lieblich duften.“ Frieda heißt nun mal Frieda – und das bleibt auch so. Und wenn sie nun einen anderen oder gar keinen Namen hätte, wäre sie eines trotzdem: mein toller, einmaliger Hund.

SOLO IN DER STADT UNTERWEGS – MUSS DAS SEIN?

Manche Hunde sind ohne Frauchen oder Herrchen auf Achse. Für Frieda und mich wäre das nichts.

Hamburg. Leuchtwesten für Herr und Hund, reflektierende Leinen. Sie, liebe Leser, hatten nach der letzten Frieda-Kolumne allerlei gute Tipps für regnerische Dämmerspaziergänge. Was ist von einem blinkenden Halsband (für Frieda) zu halten? Leserin Inge riet zur Vorsicht: „Das verschwindet gerne im wuscheligen Fell oder in den Halsfalten und wird von Autofahrern eher nicht wahrgenommen“, schrieb sie. Alles klar.

So oder so: Beschwerlich sind diese Matschspaziergänge für uns zwei nach wie vor. Umso erstaunlicher finde ich es, dass einige Hunde offenbar dauerhaft ganz alleine unterwegs sind. Bei einem meiner Stopps im Park ist mir kürzlich so ein witziger Kerl aufgefallen, den ich seitdem immer mal beobachte. Erst hatte dieser Rüde, wohl ein Labrador-Mix, mit einer größeren Hundeclique herumgetobt. Als sich dann alle zum Aufbruch anschickten, fragte ich, zu wem das namenlose Tier denn nun gehöre. „Och der“, erklärte mir ein Senior vergnügt, „der kommt immer alleine her und geht auch wieder alleine.“

Für erfahrene Hundehalter mag das ja eine Selbstverständlichkeit sein, aber mich hat diese Geschichte ziemlich geplättet. Wie ich inzwischen gehört habe, setzt sich dieser Hund auch an den Straßenrand, schaut abwechselnd nach links und rechts und geht erst rüber, wenn kein Auto mehr kommt. Offenbar geht er sogar auf verschiedenen Wegen durch „seinen“ Stadtteil, was ja nicht mal manchen Menschen gelingt. Erstaunlich. Ob der wohl auch rote und grüne Ampeln unterscheiden kann? Und vielleicht „erkennt" er sogar die Zeit am Schlagen der Kirchturmuhr.

Einmal sind wir ihm schon gefolgt, aber er hatte so ein Tempo drauf, dass die deutlich kleinere Frieda irgendwann nicht mehr mithalten konnte. Vielleicht war ihr dieses Musterexemplar auch zu angeberisch.

Das Thema machte mich neugierig, und ich startete eine kleine Umfrage im Bekanntenkreis. Ein Kumpel erzählte, dass sich sein „hochintelligenter" Mischling beim Einkaufsbummel mit Herrchen immer schnell gelangweilt habe (kann man ja auch verstehen) und dann oft alleine heimgegangen sei, wo er offenbar stundenlang vor der Haustür wartete. Erst viel später hat dieser Mann übrigens herausgefunden, dass der Stromer auf dem Rückweg immer bei diversen Lebensmittelhändlern Pause machte, die ihn mit Leckereien versorgten. Das Tier war offenbar also wirklich schlau. Ein anderes Herrchen hatte seinen Jack Russell Terrier immer mit in die Kneipe geschleppt, ihn irgendwann vor die Tür gebracht und „Geh nach Hause" gesagt. Auch dieses Tier wartete lange vor dem Wohnhaus, oft bis morgens, tief und fest schlafend.

Ich muss gestehen, dass ich diesen Umgang mit dem eigenen Vierbeiner sehr zwiespältig sehe. Einerseits ist es beachtlich, dass einige Halter ihre Hunde offenbar so erziehen können, dass die sich ganz autark und sicher im Großstadtgewimmel zurechtfinden. Andererseits sehe ich da aber auch eine gewisse Kaltblütigkeit, die mir beim Umgang mit Frieda total fehlt. Kann ja sein, dass sie in ein paar Monaten (Jahren?) auch mal ohne Leine neben mir her spaziert, aber alleine würde ich sie auch dann nie losziehen lassen. Ein Hund bleibt ja immer auch ein Jäger, hat mir eine Hundeexpertin mal erläutert, und sein Jagdinstinkt könne jederzeit geweckt werden. Was, falls ein Kaninchen oder Eichhörnchen seinen Weg kreuzt? Und wer ruft den Hund zurück, wenn er beispielsweise ein Kind oder eine Seniorin anspringt, um zu spielen? Er könnte auch gestohlen werden oder Giftiges fressen.

Abgesehen von diesen eher sachlichen Überlegungen unterscheidet mich auch noch etwas anderes von diesen coolen Herrchen. Amüsieren Sie sich ruhig, aber ich würde, wohl auch noch in etlichen Jahren, vor Sorge um Frieda halb durchdrehen. Mancher sieht ja seinen Hund als Familienmitglied an, und sein Kind stellt man ja auch nicht irgendwo nachts vor die Tür und schickt es alleine nach Hause. Und ich hab mir ja keinen Hund zugelegt, um weiterhin „mein eigenes Ding“ zu machen.

Meine Frieda jedenfalls gehört nicht an den Straßenrand und auch nicht in die Kneipe. Sie gehört zu ihren Spielfreunden und an ihren Ruheplatz. Und an unsere Seite. Basta.

RATLOSIGKEIT UND FREUDE: FRIEDAS ERSTER SCHNEE

Nach anfänglicher Skepsis beschert die weiße Pracht dem Labradoodle jetzt viel Spaß und zig neue Eindrücke.

Es schneit, es schneit / Kommt alle aus dem Haus ... Es begann mit leisem Knurren und aufgeregtem Hin- und Herlaufen vor dem Fenster: Die weißen Krümel, die da wie ein Vorhang herumwogten, waren Frieda eindeutig suspekt. So weit Phase eins. Phase zwei nenne ich „grenzenloses Erstaunen". Als wir vor die Tür traten, musste sich mein lieber Hund buchstäblich erst mal setzen und ziemlich lang durch die Gegend starren, um die ganze Bescherung auf sich wirken zu lassen. Wir haben das schon häufiger erlebt, zum Beispiel nach dem Rasenmähen: Frieda ist gleichermaßen perplex und aufgeregt – so nach dem Motto: Irgendwas ist hier plötzlich ganz anders. Nun also der erste Schnee ihres jungen Hundelebens.

Zuerst tapste sie ziemlich irritiert durch den Vorgarten und versuchte immer wieder, den vertrauten Boden unter der dünnen Schneedecke zu finden. Die Grabelöcher, die Kaninchenköttel, ihre Holzstücke-Sammlung – alles war plötzlich verschwunden. Ganz tief steckte sie die Nase in die geheimnisvolle weiße Masse, schnüffelte darin herum, schien auch dran zu horchen. Das unbekannte Element wurde, so mein Eindruck, mit allen Hundesinnen aufgesogen.

Doch ziemlich schnell gewöhnte sich Frieda an die neuen Gegebenheiten, vor allem, nachdem sie ihre ersten (nicht von ihr selbst gefertigten) Schneebälle herumgeschoben hatte. Ausgiebiges Reinbeißen und darauf Herumkauen musste natürlich auch sein – logisch. Erstaunlich, wie gut und in welchen Mengen ihr der frische Schnee schmeckte – ich machte mir schon fast Sorgen um ihren kleinen Magen.

Die unübersehbaren Parallelen zwischen Hunde- und Menschenkindern habe ich hier ja schon häufiger bemüht, nun also auch noch das: Frieda attackierte beim Spazierengehen nach einer Weile gezielt die unberührten Schneeflächen und tobte kreuz und quer darauf herum. Macht eben nicht nur uns mehr Spaß, auf so einem Stück die allerersten Spuren zu hinterlassen.

Die kleine Hündin auf ihrer Lieblingswiese, von der nur noch die Grasspitzen aus dem Weiß herausguckten – das sah dann aus, als stürze sie sich in eine riesige Schüssel Magerquark mit Schnittlauch. Apropos Spuren: Erstmals ließ sich auch ihre Markierung in voller Pracht erkennen – wirklich nur ein paar winzige Tröpfchen.

Merkwürdig menschlich auch das: Als wir eine große Gruppe Kinder passierten, die in eine wilde Schneeballschlacht vertieft war, bellte die sonst so besonders kinderliebe Frieda plötzlich unablässig und zog an ihrer Leine. Das wirkte wie eine Aufforderung, sie mitmachen zu lassen. Oder wollte sie „ihren" Schnee nicht mit anderen teilen? Mit dem Wechsel zwischen weißen und geräumten Flächen, zum Beispiel auf den Fußwegen, kommt Frieda noch nicht so gut klar. Da wird mal schneller, mal langsamer gegangen und auch immer wieder abrupt abgestoppt. Klarer Fall: Der weiße Belag gefällt ihr eindeutig besser.

Nach ein paar Tagen dann auch noch diese Erkenntnis: Bei Schneefall läuft sie viel lieber und ausdauernder durch die Gegend als bei Regen, obwohl ihr ja eigentlich beides ein nasses Fell beschert. Geht es den Menschenkindern nicht auch so? Mit dem Schlitten im Schlepptau ziehen die doch stundenlang durch die tanzenden Flocken und merken überhaupt nicht, dass sie schon lang klatschnass sind. Ob man demnächst mal zusammen rodeln kann – natürlich nur ganz langsam? Das wäre dann das nächste beeindruckende Schnee-Erlebnis für den jungen Hund.

Todmüde ist Frieda in diesen Tagen abends – auch nach stundenlangem Ausruhen. Das muss mit den vielen neuen Eindrücken zusammenhängen. Morgens verschläft sie jetzt auch immer mal und gähnt vor sich hin. Außer bei Schnee. Dann will sie ganz schnell raus.

Zum Glück ist Frieda ja kein Menschenkind. Dem müsste ich jetzt erklären, warum gerade noch alles schön weiß war, einen Tag später nur noch Matsch übrig bleibt und dann alles wieder von vorn losgeht.

Letztlich wird unklar bleiben, was Frieda von diesen ganzen Veränderungen im Wandel der Jahreszeiten kapiert. Immerhin mag sie Schnee sehr – und der Winter ist ja noch ganz schön lang.

AUF DEN HUND GEKOMMEN: FRIEDA UND WEIHNACHTEN

Der kleine Labradoodle ist – anders als Herrchen – natürlich nicht wirklich in Festlaune. Oder etwa doch?

Mit leuchtenden Hundeaugen und tierischer Vorfreude kann ich Ihnen in der letzten Frieda-Kolumne vor den Weihnachtsfeiertagen leider nicht dienen. Frieda ist das Fest der Liebe herzlich egal – alles andere wäre ja wohl unglaubwürdig und geradezu unheimlich.

Sie bekommt keinen Extra-Knochen in Geschenkpapier, und wir verzichten auch darauf, ihr eine neckische Weihnachtshund-Mütze aufzusetzen. Sollte sie überhaupt etwas vom Festtagsrummel mitbekommen, könnten ihre Gedanken vielleicht so aussehen:

1. Komisch, hier steht ja lauter Grünzeug rum, das ich sonst nur von draußen kenne. Da hängen aber auf einmal irgendwelche Sachen dran.
2. Lecker. Plötzlich fallen viel mehr Kekskrümel auf den Boden, die ich aufschlabbern kann. Weiter so.
3. Die Zweibeiner rennen hier ja alle noch mehr als sonst durch die Gegend. Und ich muss viel häufiger diese Fremden ankläffen, die an der Tür klingeln und irgendwas abgeben.
4. Irgendwas klimpert und dudelt hier dauernd. Eigentlich ganz nett, aber nichts für meine feinen Ohren.

Das ist natürlich nicht ernst gemeint, und vermutlich denkt sich Frieda dieser Tage nicht mehr oder weniger als sonst. Macht nichts. Aufgedrehte Leute gibt's jetzt schon genug, da muss sie sich nicht auch noch ihren hübschen Hundekopf zerbrechen. Mir geht's da anders. Mit der Aussicht auf ein schönes Fest und freie Tage fallen mir in „besinnlicher" Stimmung eine paar Gegebenheiten ein, die ich nicht vergessen kann.

Bei einem Spaziergang im Herbst, das als Beispiel, haben Frieda und ich im Park einen dreibeinigen Hund samt Frauchen getroffen. Frieda forderte ihn munter zum Spielen auf, und der arme Kerl tobte mit ihr herum, so gut es ging. Wie sich herausstellte, war der Hund bei einem Autounfall schwer verletzt worden und von seinen Haltern aus dem Tierschutz übernommen worden.

Was mich besonders beeindruckte: Die Familie war extra in eine Erdgeschosswohnung gezogen, damit der gehandicapte Hund leichter vor die Tür kommt. Dass Frieda ja auch einmal fast überfahren worden wäre, hatte ich Ihnen ja schon berichtet. Aber erst jetzt ist mir in dem Zusammenhang eine kleine Begebenheit am Rande wieder eingefallen. Nachdem sie damals im Zickzack über die viel befahrene Straße gerannt war und ich sie in einem Vorgarten endlich packen konnte, sprang ein Autofahrer aus seinem Wagen und rief mir zu: „Hast ihn sicher?" Drei Worte nur, einerseits mitfühlend, andererseits auch so norddeutsch-sachlich, gerufen wie auf einem Boot im Sturm. Diese Szene geht mir heute noch nahe.

Zu Herzen geht auch die Geschichte von Abendblatt-Leserin Gabi Z. und ihrem witzigen Chihuahua-Weibchen Gucci. Anfang des Jahres starb nach langer Krankheit der Ehemann von Frau Z., der für Gucci die wichtigste Bezugsperson war. Die Kleine sei dadurch ganz melancholisch geworden und trauere sehr. „Sie scheint immer nach dem Herrchen zu suchen", so die 59 Jahre alte Halterin. Zu allem Unglück ist Gabi Z. nun auch noch selbst so schwer erkrankt, dass sie pessimistisch in die Zukunft blickt. „Ich gehe davon aus, dass ich mich bald nicht mehr alleine um meinen Hund kümmern kann", so Frau Z. vor ein paar Wochen am Telefon.

Schweren Herzens hat sie sich jetzt entschieden, Gucci langfristig in andere Hände zu geben. Als verantwortungsvolle Halterin möchte sie mögliche künftige Mit-Halter zunächst einmal kennenlernen und sich den Hund eine Weile mit ihnen teilen. Über ihren Hund sagt sie: „Gucci ist lieb und anhänglich. Sie kann nicht gerade viel, ist gerne zu Hause und macht nie Ärger."

Während ich eben diese anrührenden Episoden aufschrieb, trabte Frieda ganz zielstrebig zu mir an den Tisch. Dann wickelte sie sich halb um meine Beine, drückte mir ihren Kopf auf die Füße und schlief tief und fest ein. Komisch, das hat sie so noch nie getan. Ist sie etwa doch in Weihnachtsstimmung?

Wer weiß. Mal abwarten, was der Heiligabend so bringt. Vielleicht kläfft sie ja bei „O Tannenbaum" ganz unvermittelt den Takt mit.

DAS ERSTE SCHÖNE JAHR MIT FRIEDA

Der Rückblick zeigt Merkwürdiges: Schnell verging die Zeit mit ihr – und gleichzeitig auch ziemlich langsam.

Was für ein Jahr. Es war zwar das Jahr, in dem Frieda anfing, unser Leben durcheinanderzuwirbeln. Aber genau genommen haben wir bislang nur gerade mal sechseinhalb Monate mit ihr verbracht.

Ich gucke mir gerade die Eintragung im Kalender an: Ende Mai hatten wir sie in Karlsruhe ziemlich nervös ins Auto gepackt, um dann spätabends noch direkt nach Hamburg durchzufahren. Das war eine freudige Aufregung – fast so schlimm wie vor und nach dem Besuch einer Entbindungsstation. Unser allererster Hund und dann noch ein Welpe! Ganz schön verwegen, muss ich heute sagen, denn von da an ging's ziemlich rund. Nach ein bisschen (Halb-)Schlaf betrat sie am 1. Juni morgens um vier mit dem müden Herrchen erstmals mehr oder weniger bewusst Hamburger Boden zur Gassi-Premiere. Doch was heißt schon betreten … Gerollt und getapst ist sie damals noch, ratlos, müde und auch recht ängstlich.

Seitdem ist viel geschehen. Die Leute wundern sich dauernd, dass die Zeit so schnell verfliegt und dass etliches viel weiter zurückliegt, als sie eigentlich gedacht hatten. Komisch: Bei Frieda kommt es mir ganz im Gegenteil so vor, als sei sie schon viel länger bei uns, als es der Fall ist. Mehrere Jahre sogar.

Ich glaube, das hat zwei Gründe. Zum einen sind die Tage mit einem jungen Hund plötzlich viel vollgepackter als vorher – vom ganz frühen ersten Spaziergang in der Morgendämmerung über etliche Spiel- und Tobe-Einlagen bis zur späten Runde um den Block im Stockdunkeln. Spielen oder Spazierengehen mit einem Welpen oder Junghund (inklusive langer „Schnüffelphasen“) ist eben letztlich auch eine Art Entdeckung der Langsamkeit.

Zum anderen entwickelt schon der ganz junge Hund sehr schnell eine starke Präsenz in seiner neuen Umgebung. Er checkt quasi pausenlos die Lage, entdeckt und versteht mehr, als man glaubt. Er nimmt rasch seinen Platz im Rudel ein und versucht immer, diesen zu behaupten. Irgendwann kann man sich kaum noch die Zeit vergegenwärtigen, als das noch nicht so war – so wie man sich eine Zukunft ganz ohne Hund auch nicht mehr richtig vorstellen kann und will.

Wenn ich mir Frieda so angucke, wie sie selbstbewusst beim Spaziergang neben mir hertrabt oder große Hunde zum Spielen auffordert, bin ich immer wieder überrascht, wie schnell die Monate verflogen sind. Mein wohl stärkster Eindruck im Rückblick: Ein Leben mit Hund ist unendlich viel Freude, bedeutet aber vor allem am Anfang auch Lernen und Arbeiten (fürs Herrchen!). Es stimmt fast alles, was in den Hunde-Ratgebern steht, und man sollte sie vorab lesen und die Ratschläge auch beherzigen. Es ist schwierig und nicht immer nur erfreulich, schon dem ganz jungen Hund klarzumachen, wo's langgeht. Aber die richtige Mischung aus liebevoll und konsequent gibt dem Tier Sicherheit in seinem neuen Umfeld, und das bedeutet, nötigenfalls auch streng zu sein. Schmusen kann und sollte jeder, unnachgiebig bleiben ist aber viel schwieriger. Wer von seinem Hund angeknurrt oder durch die Gegend gezerrt wird, ist selbst schuld. „Böse“ Hunde gibt es nicht.

Treue Leser wissen, dass Frieda im letzten Jahr mit Alsterwasser getauft wurde und ein plattdeutsches Gedicht über sich ergehen lassen musste. Dass sie am Ostseestrand, in der Elbe und auf einer Hundemesse war und – unserer bislang schlimmster Tag – fast überfahren wurde. Sie liebt Kinder und alte Leute, mag Schnee, Krümel, Pfützen und Gänseblümchen. Sie hasst Hagel, Tierarztbesuche, Wühlmäuse und Krähen.

So ganz nebenbei habe ich mal eine kleine Frieda-Liste gemacht. Auf der steht, was im Vergleich zu früher mehr und was weniger geworden ist, seit Frieda unser Leben teilt. Mehr frische Luft, weniger Schlaf – Sie verstehen schon. Diese Soll-und-Haben-Aufstellung ist aber nun doch so umfangreich geworden, dass ich sie Ihnen erst in der kommenden Woche vorstellen kann.

Frieda verbringt Silvester übrigens an der Nordsee, weil wir dem jungen Hund die Knallerei in der Stadt ersparen wollen. Mal sehen, wie es ihr da gefällt. Dort startet sie dann paradoxerweise in ihr zweites Hamburg-Jahr, das hoffentlich so schön wird wie das erste.

MEHR FRISCHLUFT UND (ETWAS) WENIGER SCHLAF

Rückblick, Teil zwei: Wie das Leben mit Frieda den Alltag verändert, zeigt die Soll-und-Haben-Liste.

Das Jahr endete für Frieda mit einer angenehmen Überraschung: Zwei nette Nachbarinnen standen mit ihren Kindern vor der Tür und überreichten kleine Tüten voller Leckerli. In der Weihnachtskolumne hatten sie gelesen, dass es für den Hund von nebenan keine Geschenke geben sollte – und das gehe ja nun gar nicht. Frieda ließ sich ausgiebig streicheln und dankte mit einem kurzen Tänzchen. So leicht möchte ich auch mal Kontakte knüpfen.

Apropos: Für die heutige Kolumne hatte ich Ihnen ja als zweiten Teil des Rückblicks eine kleine Soll-und-Haben-Liste aus dem ersten Frieda-Jahr angekündigt, und da stehen neue Bekanntschaften ganz oben. Nie hätte ich gedacht, dass man mit Hund in so kurzer Zeit so viele neue Leute kennenlernen würde – und dann auch noch so nette. Und auch sonst hat das Jahr mit Hund eine Menge Veränderungen gebracht – weitere Beispiele:

Mehr Endorphine. Müdigkeit, Schneeregen, Dunkelheit – so fangen die Tage normalerweise über Monate in Hamburg an. Aber wenn Frieda morgens um mich herumhüpft oder mir ihren Streichelbauch entgegenstreckt, verursacht das Glücksgefühle pur. Dass die Nächte dank Frieda etwas früher enden – geschenkt. Ich kenne einen coolen Manager, dessen Jack Russell Terrier ihm nach jeder Geschäftsreise beim Wiedersehen bis auf die Schulter springt und vor Freude ununterbrochen jault. Da bleibt kein Auge trocken.

Mehr Bewegung. Ob man will oder nicht: Der Sprint durch den Park und der abendliche Gang um den Block gehören jetzt dazu, auch bei Nässe und Kälte. Das Tempo muss zwar Herrchen vorgeben, aber die Ausdauer gerade junger Hunde sollte man nicht unterschätzen. Dass man nach einiger Zeit dazu Joggingklamotten anzieht, ergibt sich fast von alleine. Ergebnis sind frische Gesichtsfarbe, keine Erkältungen, guter Schlaf. Übrigens: Durch die dauernden Spaziergänge in der Nachbarschaft betrachtet man die Umgebung jetzt auch viel aufmerksamer.

Mehr Wissen. Ehrlich gesagt hätte ich nie gedacht, dass ein Neu-Hundehalter so viel lesen muss. Das erweitert den Horizont, wobei man über die Sinnhaftigkeit mancher Informationen sicherlich streiten könnte. Und: Vom Hundestrand übers Fachgeschäft bis zum Tierarzt: Herrchen lernte eine Menge Einrichtungen kennen, die ihn früher nicht die Bohne interessiert haben.

Weniger Muße zu Hause. Zugegeben: Zeit zum Lesen oder Nichtstun gibt's deutlich weniger als früher. Die Hundezeit hört ja nicht mit dem Gassigehen auf, auch Spielen und Üben gehören zum Programm. Und wie bei kleinen Kindern beschäftigt man sich daneben auch noch dauernd mit Fragen wie „Hat sie gefressen?“, „Hat sie geschlafen?“ und Ähnlichem. Zwar können Spaziergänge und Hundetraining natürlich eine eigene meditative Kraft entwickeln, aber das (ohnehin schon sehr seltene) planlose Rumhängen in den eigenen vier Wänden fehlt manchmal schon.

Mehr Logistik-Stress. Raus aus der Bürohose, rein in die alte Jeans. Braucht man für den Park heute Gummistiefel, und wieso ist die Jacke schon wieder voller Matschspritzer? Das dauernde Umziehen nervt manchmal ganz schön, oben drauf kommt das Ein- und Umpacken von Leckerli, Bällchen, Gassibeuteln und die Wahl der richtigen Leine. Gehört aber nun mal zum Programm.

Weniger Toleranz. Ich habe sehr viel Verständnis für Menschen, die sich vor Hunden fürchten oder sie aufgrund irgendwelcher unerfreulicher Erfahrungen nicht leiden können. Aber Leute, die Hunde aus purer Exzentrik einfach „nur so“ hassen, sie dumm oder ekelhaft finden, ohne sich jemals mit ihnen beschäftigt zu haben, sind für mich erledigt. Die können sich ja gerne andere Ansprechpartner suchen, aber ich möchte nicht mehr dazugehören.

Unterm Strich bleibt: Zu keinem Zeitpunkt habe ich den Alltag mit Frieda als Belastung empfunden, sondern stets als Bereicherung. Dank guter Vorsätze, die dann auch umgesetzt werden müssen, wird es hoffentlich auch 2018 so bleiben. Was sich Frieda und ihr Herrchen für das neue Jahr vornehmen könnten, erfahren Sie in der kommenden Woche.

WAS FRIEDA IM NEUEN JAHR (VIELLEICHT) MAL ÄNDERT

Gute Vorsätze sind natürlich von Menschen gemachte Hirngespinste. Aber man wird ja noch mal träumen dürfen.

Mit guten Vorsätzen werden Sie ja zum Jahresanfang schon überall behelligt. Frieda ist damit etwas später dran, aber das Jahr ist ja noch jung – genau wie sie selbst.

Zunächst zu Herrchens Vorsätzen: Besser organisieren will ich mich für Ausflüge mit Hund, sprich: lieber zu viele Gassitüten einpacken als zu wenig. Immer genau gucken, wo ihr Ball im Park hinspringt, und ihn mutig anderen Hunden wieder aus dem Maul zerren.

Wichtig auch: Gummistiefel nach Matsch- und Wattspaziergängen sofort abwaschen und die Schleppleine rechtzeitig entzerren, das erspart auch Krach in der Familie. Die Klamotten noch besser dem Wetter anpassen, denn irgendwie wird man beim Ausflug mit Hund immer automatisch schmutzig und nass. Weniger Fluchen bei Kälte und Regen – schlechte Laune überträgt sich auf den lieben Hund.

Die Mischung aus streng und nachsichtig noch besser hinbekommen, mich nicht immer von Friedas sanftäugigem Charme einlullen lassen, auch wenn's schwerfällt. So, das war's eigentlich schon. Nun zu ihr. Wir alle wissen, dass Frieda überhaupt keine Vorsätze fassen kann, nicht zum Jahresstart und auch sonst nicht. Das Ganze ist eine Idee von Menschen für Menschen.

Frieda nimmt sich nichts vor und plant auch nichts. Sie pirscht sich höchstens mal vorsätzlich an ein Kaninchen ran, um es zu jagen. Oder sie wartet in der Nähe des Kühlschranks, darauf das etwas Leckeres für sie abfällt. Das sind ihre einzigen „Vorsätze". Wenn Sie jetzt also lesen, was sich Frieda für das neue Jahr vornehmen könnte, betrachten Sie es bitte so, wie es auch geschrieben ist: mit einem Augenzwinkern. Das Folgende nehme ich, Frieda, Hund, knapp neun Monate alt, mir vor:

Ich will Herrchens im Flur abgestellte Sporttasche nicht mehr erobern und darin schlafen – schließlich habe ich einen anderen, viel schöneren Schlafplatz

Ich will Krähen nicht mehr bis zum Horizont hinterherjagen. Die fliegen ja sowieso irgendwann weg, und ich komme nicht mehr mit. Die Hälfte der Strecke reicht auch, dann wissen alle, dass ich die Chefin in Park und Garten bin.

Ich will beim Graben nach Wühlmäusen oder Maulwürfen nur noch halb so viel bellen. Beides zusammen ist ja nicht nur für mich anstrengend, sondern auch für die Ohren der Nachbarn.

Ich will Herrchen draußen zum Abschied nicht noch mal anspringen, wenn er seine Bürohose angezogen hat. Schade eigentlich, denn er macht dann immer so ein lustiges Gesicht und knurrt auch so nett.

Ich will mich an meinem hochwertigen Futter erfreuen und nicht dauernd um den Abendbrottisch herumstreichen. Die paar Krümel, die da gelegentlich runterfallen, schmecken doch längst nicht so gut. Oder doch?

Ich will den blöden Staubsauger nicht mehr anbellen, schließlich sorgt der ja dafür, dass der Schmutz, den ich von draußen reingeschleppt habe, auch wieder verschwindet. Das gilt auch für diesen hässlichen Besen.

Ich will meinen Ball nicht mehr im Park-Unterholz versenken, obwohl es ja eigentlich lustig ist, wenn Herrchen da ewig mit mir herumkriecht.

Ich *will* nicht dauernd uralte Hunde anspringen und zum Spielen auffordern. Die haben ja sowieso keine Lust auf mich jungen Hüpfer.

Ich will nicht mehr aus brackigen Pfützen trinken – höchstens nur ein winziges Schlückchen.

Ich will die kleinen Wellen am Elbstrand nicht dauernd mit Gekläffe verjagen – die verziehen sich ja auch von alleine wieder.

Keine Ahnung, ob Frieda irgendetwas davon umsetzt. Und wenn ja, dann natürlich nicht vorsätzlich. So oder so: Wir lieben sie auch 2018 mit ihren kleinen Marotten. Frieda soll Frieda bleiben, auch im neuen Jahr.

Im Übrigen passt dazu, was schon Oscar Wilde feststellte: „Gute Vorsätze sind der nutzlose Versuch, die Naturgesetze außer Kraft zu setzen."

Zu Friedas Kurzurlaub an der Nordsee komme ich erst in der nächsten Woche. Nur so viel vorab: An der Ostsee hatte es ihr nach meinem Eindruck deutlich besser gefallen – aber das muss ja nicht so bleiben.

FRIEDAS NORDSEEBESUCH – DA GEHT SICHER NOCH WAS

Erstmals zu Besuch hoch oben an der Küste.
Für den kleinen Hund war das noch nicht das Wahre.

Während Frieda in ihrem Körbchen döst, blättert Herrchen in dem Buch „Einige Hunde" von Jan Philipp Reemtsma. Darin geht es um die Darstellung unserer vierbeinigen Freunde in der Malerei – von Watteau bis Lucian Freud – und um die Frage, welche Funktion die Tiere dabei hatten. Hm.

Außer mir hat noch niemand Frieda gezeichnet – und das wird wahrscheinlich bis in alle Ewigkeit so bleiben. Und welche Funktion könnte man ihr zuschreiben: gute Laune oder Zickenalarm symbolisieren? Die Botschaft der Hundehalterwelt verbreiten?

In dem Buch ist eine Zeichnung von Max Liebermann, „Paar mit Hund im Kahn", abgebildet. Könnten wir das sein? Frieda saß noch nie in einem Kahn, dabei ist sie eigentlich ein richtiger Wasserhund – Alster, Elbe, Ostsee, Sie wissen schon. Wenn ich mir ein Gemälde der sturmgepeitschten Nordsee vorstelle, müsste Frieda entweder als winziger Punkt vor einer Wellenwand auftauchen – oder hoch in der Luft, vom Winde verweht. Verdutzt müsste sie gucken, so wie sie es bei ihrem ersten Nordseebesuch eigentlich die ganze Zeit getan hat. Nach diesem raffinierten Übergang nun also zum Thema.

Von Friedas Silvesternacht will ich hier jetzt nicht mehr berichten, das ist einfach schon zu lange her. Nur so viel: In der nordfriesischen Provinz schießen die Menschen durchaus auch Raketen ab, sogar direkt neben Reetdachhäusern. Und geknallt wird, was das Zeug hält – so, als wolle man nicht nur das neue, sondern gleich alle kommenden 50 Jahre begrüßen. Frieda reagierte darauf im Zimmer mit Hin-und-her-Laufen und wütenden Bell-Attacken – mal in die eine, mal in die andere Richtung.

Irgendwann hatte sie sich dank trostreicher Zuwendung an das Geballere gewöhnt, beschäftigte sich mit ihrem Lieblingsknochen und schlief tief und fest ein.

Viel verdatterter wirkte sie eigentlich bei ihrem ersten Blick über die Nordsee. Auf Höhe vom Badestrand Tetenbüll kletterten wir einen windumtosten Deich hinauf, und dann breitete sie sich vor uns aus – die Landschaft, die sich ganz offiziell Weltnaturödnis nennen darf: von Rinnsalen durchzogenes Watt fast bis zum Horizont und ganz hinten ein wenig mehr Meer. Frieda registrierte knapp den Windräder-Wald rechter Hand („Nanu, Bäume, die sich oben drehen“, wird sie vielleicht kurz gedacht haben) und ging dann etwas unentschlossen mit nach unten.

Bevor Sie mir strenge Mails und Briefe schreiben: Ein Spaziergang mit dem angeleinten Hund ist dort an ausgewiesenen Stellen durchaus erlaubt. Frieda war auch nur ungefähr zwei Meter weit in dieser riesigen Matschwüste – Wattwürmer und andere Kostbarkeiten wurden von ihr keinesfalls behelligt. Nachdem sie ein bisschen herumgelaufen war, wurde nicht nur ihr langweilig. Mit fast schwarzen Pfoten verzog sie sich wieder in ihre Reisebox und döste ein.

Zweiter Versuch. Am Strand von St. Peter-Ording herrschte ein Betrieb wie am langen Sonnabend in der City. Unterhalb der Dünen traf mein Hundemädchen Dutzende Artgenossen – sie war übrigens als Einzige angeleint. Der Weg über den langen Steg in Richtung Meer klappte mehr schlecht als recht. Die arme Frieda trippelte zögerlich auf den ihr fremden Bohlen und bellte ununterbrochen. Ein Stück ließ sie sich tragen (kein Gebell), dann ging's durch den endlosen Sand Richtung Wasser. Um es kurz zu machen: Die tosende Nordsee vor der Nase und den deftigen Wind im Fell, verweigerte mein lieber Hund schon bald eine Fortsetzung des Spaziergangs, und bestens gelaunt ging's zum Auto zurück.

Ich weiß nicht, ich weiß nicht. Irgendwie ist der Funke nicht so recht übergesprungen. Wo die Nordseewellen an den Strand trecken, dort ist wohl nicht wirklich Friedas Heimat, und to Huus fühlt sie sich da auch noch nicht so richtig. Schuld ist natürlich wie immer Herrchen. An einem milden Sommertag werde ich mit Frieda wieder dorthin fahren und ihr den besonderen Reiz Nordfrieslands verdeutlichen. Das dauert ja nur noch wenige Monate.

Und wenn ich ihr die Nordsee dann immer noch nicht schmackhaft machen kann, gibt's zum Trost dicke Fischbrötchen. Für uns beide.

WER ODER WAS IST FRIEDA DENN NUN WIRKLICH?

Herrchen ist mal wieder ratlos. Frieda sieht gar nicht aus wie ein Labradoodle. Ist mir aber letztlich auch egal.

Die heutige Kolumne fällt mir gar nicht leicht, denn es geht um eine ganz elementare Sache: um Friedas Identität. Immer wieder hatten mir Leser geschrieben, dass sie gar nicht wie ein Labradoodle aussehe. Leserin Nane verglich sie vor ein paar Wochen mit einem „verunglückten" Dackel, wobei ich verunglückt natürlich energisch zurückweisen muss und – wenn überhaupt – durch das Wort „verschönten" ersetzen würde. Aber Nane hat ansonsten recht. Frieda sieht aus wie ein Langhaardackel mit langen Beinen und lockigen Ohren. Andere haben sie auch schon mit einem Irish Setter in ganz klein verglichen, was eigentlich auch zutrifft.

„Och, bist du süß", sagen Spaziergänger unterwegs immer zu Frieda, die daraufhin stolz ein Tänzchen aufführt und sich gerne streicheln lässt. Weiter geht's dann häufig so: „Welche Sorte ist das denn? Was, ein Labradoodle? Niemals. Die sehen doch ganz anders aus." Herrchen kriegt dann schlechte Laune, und Frieda guckt bedröppelt, zumindest ist ihr immer schnell klar, dass über sie gesprochen wird.

Wer oder was ist Frieda? Ein kleiner Labradoodle mit ziemlich glattem Fell, sagt man uns. Oder doch nicht?

Ich muss bekennen, dass wir an den Erwerb unseres allerersten Hundes ziemlich blauäugig rangegangen sind. Das Ganze hier noch mal im Schnelldurchlauf: Wir hatten Frieda (damals noch namenlos) im vergangenen Mai als winzigkleines Hundebaby im Raum Karlsruhe erstmals gesehen. Sie wurde zusammen mit ihren sechs Geschwistern von der Mutter gesäugt, die eindeutig ein „klassischer" Labradoodle war. Den Vater gab's nur als Foto, die schriftliche Dokumentation: lückenhaft.

Wohlmeinende Leser hatten mir schon damals Fragen gestellt, die ich nicht beantworten konnte, vorsichtig unsere Leichtgläubigkeit kritisiert und wertvolle Ratschläge gegeben. Die Frage, ob ich den Züchter weiterempfehlen könne, habe ich stets mit Nein beantwortet.

Frieda wird bald zehn Monate alt und ist immer noch sehr klein und leicht. Viele Hundehalter, die erstmals mit ihr zu tun haben, schätzen sie auf deutlich jünger. „Lasst euch doch mal neu fotografieren", mailte Leser Hannes kürzlich gutmütig, „Frieda ist ja bestimmt schon wieder kräftig gewachsen." Ist sie nicht, jedenfalls nicht sehr. Herrchen hat sich vermutlich stärker verändert.

Mini-Labradoodle steht also drauf, aber was ist drin? Hundetrainer und Tierärzte sind ratlos und manchmal amüsiert. Unsere erste Hundetrainerin, die mit dem rauen Charme, brachte es mal so auf den Punkt: „Da hat vielleicht gerade ein Labradoodle um die Ecke geguckt, als die gemacht wurde." Die aktuellste Erkenntnis dazu: Wahrscheinlich hat sich ein Mini-Pudel aus Friedas Ahnenreihe durchgesetzt – klingt jedenfalls plausibel. Man könnte durch ein paar Tests Näheres erfahren, aber wir haben uns dagegenentschieden. Bei den meisten geretteten Hunden ist die Vorgeschichte doch auch nicht lückenlos erfasst – und viele Halter machen trotzdem die besten Erfahrungen mit diesen Tieren.

Frieda ist eben auch gerettet, so sehe ich das. Sie ist wie ein Projekt, bei dem nicht alles rundgelaufen ist, das aber nicht abgebrochen werden darf. Mini-Labradoodle, Mini-Cooper, Mini-Rock – ist mir mittlerweile total egal. Frieda ist schlau, lustig und mutig (die Liste könnte noch viel länger werden). Sie ist anhänglich, kann auch mal gut alleine sein, macht es uns im Alltag nicht schwer. Sie hat ihre speziellen Eigenarten, aber die haben andere Hunde ja auch. Mit anderen Worten: Frieda ist, wie sie ist – und das ist auch gut so.

Wahr ist: Einiges würde ich anders machen, wenn ich mir wieder einen Hund zulege. Und ich kann nur allen potenziellen Neuhaltern dringend raten, sich genau zu informieren und alle Papiere genau zu lesen. Wahr ist aber auch: Meine zähe Frieda würde ich mir wieder aussuchen und auch jedes Tauschangebot ausschlagen. Frieda würde ich nicht mal für einen Hund hergeben, der lesen und rechnen kann.

Und noch etwas: Weil Frieda wirklich genau wie auf dem Foto aussieht, wurde sie schon ein paarmal erkannt. „Da ist doch die Frieda aus dem Abendblatt", sagen die Leute dann. Und das ist doch auch etwas Schönes.

WARUM FRIEDA (NOCH) NICHT MIT INS BÜRO KOMMT

Eine neue Umfrage zeigt, dass immer mehr Hundehalter ihren Vierbeiner auch bei der Arbeit dabeihaben wollen.

70 Prozent aller Hundehalter würden ihr Tier am liebsten regelmäßig mit ins Büro nehmen, 45 Prozent sogar täglich. Das ist das Ergebnis einer neuen Umfrage im Auftrag von Nestlé Purina PetCare unter 1000 Haltern. Nur die Engländer liegen in diesem Punkt noch vor den Deutschen. Damit nicht genug. Jeder zweite würde auf eine Gehaltserhöhung verzichten, wenn er seinen Hund zur Arbeit mitbringen dürfte. Und: Ein Drittel könnte sich dafür sogar einen Jobwechsel vorstellen. Mich beeindruckt dieses Ergebnis schwer – und wie so oft bin ich auch hier wieder hin- und hergerissen.

Derzeit dürfen 20 Prozent der Deutschen ihren Hund mit zur Arbeit bringen – nicht gerade viele. Die gute Frieda hat mich schon ein paarmal stundenweise ins Büro begleitet. Am meisten freuten sich darüber meine Kollegen, die sie mit Streicheleinheiten überschütteten und mit Spielereien auf Trab hielten. Das war schon faszinierend und für mich auch etwas frustrierend, wie bereitwillig Frieda den Kommandos einiger energischer Kolleginnen mit langjähriger Hundeerfahrung Folge leistete und sich von den ihr völlig Unbekannten höchst zufrieden betüdeln ließ. Am zweitmeisten freute sich also Frieda, jedenfalls für ein paar Stunden. Dann wurde ihr langweilig, und sie zeigte verstärkt ihren „Nun aber wieder nach Hause"-Blick.

Und Herrchen? Mich hat der tierische Besuch eigentlich mehr gestresst als beflügelt. Zum einen konnte ich mich deutlich weniger auf die Arbeit konzentrieren, zum anderen – und das ist noch entscheidender – war ich mir nach einer Weile gar nicht sicher, dass ich meinem Hundemädchen mit dieser Visite wirklich etwas Gutes tat. Es soll ja Büros geben, in denen sich der Arbeitsalltag der Mitarbeiter kaum von ihrem Leben zu Hause unterscheidet. Das ist bei mir keineswegs so. Telefone klingeln, Computertastaturen klappern, die Luft ist eher mittelprächtig. Dauernd wird gesprochen, laufend kommen Leute ins Zimmer und gehen wieder raus. Frieda ist ja immer noch ein junger Hund, also nicht der Typ, der stundenlang stoisch unterm Schreibtisch döst. Sie ist neugierig und aufgekratzt, will alles checken. Um es kurz zu machen: 31 Prozent der Befragten finden, dass der Vierbeiner die Motivation am Arbeitsplatz fördert, und 37 Prozent glauben, dass er den Stress vor Ort senkt. Ich selbst gehöre aber nicht dazu.

Nach meinem Verständnis sind die Wohnung und der Park die richtige Umgebung für den Hund, und eine gewisse Zeitspanne ohne Menschenbegleitung kann ja auch erholsam sein.

Nun muss ich aber fairerweise zugeben, dass ich kein alleinerziehendes Herrchen bin und Frieda nie länger als vier Stunden alleine bleibt. Ich kann mir zwischendurch auch immer mal berichten lassen, was sie in meiner Abwesenheit veranstaltet, und manchmal bekomme ich dazu auch lustige Filmchen geschickt. Das alles ist bei anderen Haltern deutlich schwieriger, und ich kann mir gut vorstellen, dass sie ihr Tier ziemlich vermissen. Übrigens: Meine tolle Frieda ist für mich zwar unbezahlbar, aber auf mehr Gehalt würde ich ihr zuliebe nun auch wieder nicht verzichten – so viel Ehrlichkeit muss erlaubt sein. Fressi, Leinen, Spielzeug und der andere Tüdelkram sind schon teuer genug. Nimm's mir nicht übel, Frieda, aber zumindest in diesem Punkt ziehe ich die Kröten dem Hund vor.

Wie die Umfrage auch zeigt, hat sich die Zahl derjenigen, die ihren Hund mit ins Büro nehmen möchten, seit 2012 fast verdoppelt. Eine Erklärung wird nicht mitgeliefert. Hat sich die Bindung zwischen Mensch und Hund in den fünf Jahren so dramatisch vertieft? Wohl kaum. Vermutlich hat das mit der allgemeinen Flexibilisierung des Berufslebens zu tun: Altersteilzeit, Sabbatjahr, Elternzeit, Homeoffice. Und nun also Hundezeit – Sie verstehen schon.

Nachdenkenswert für Arbeitgeber finde ich die Ergebnisse dieser Studie schon, und wie so oft wäre es bei manchem wohl mal einen Versuch wert.

So oder so: Wenn Frieda mal älter und ruhiger ist, nehme ich sie vielleicht häufiger mit ins Büro. Sie darf dann unterm Schreibtisch dösen, während Herrchen oben immer noch unverdrossen in die Tasten haut.

NACHDENKEN ÜBER DIE MÜDEN OLDIES

Kleine Hunde haben 15 Jahre Lebenserwartung, manchmal auch mehr. Das Alter ist oft sehr beschwerlich.

Über die Erlebnisse von Junghund Frieda halte ich Sie seit Monaten auf dem Laufenden. Heute soll es mal um diejenigen am anderen Ende der Lebenskette gehen: die Oldies. Wir treffen einige von ihnen regelmäßig beim Spaziergang um den Block oder im Park. Als Frieda noch jünger war, attackierte sie diese Methusalem-Hunde vergnügt, um mit ihnen herumzutoben, was entweder mit totalem Desinteresse oder einem kurzen Knurren erwidert wurde. Inzwischen hat sie ihre Bemühungen weitgehend eingestellt und konzentriert sich stärker auf Gleichaltrige.

Irgendwie rühren mich diese alten Hunde immer. Unverdrossen drehen sie ihre Runden – trotz Hüftschmerzen und eingesackter Wirbelsäule. Mit grauem Fell und leider oftmals auch trübem Blick schlurfen sie neben ihren Haltern her, die nicht selten einen Rekordversuch im Langsam-Spazierengehen aufzustellen scheinen.

Die meisten Hunde werden zwischen 8 und 15 Jahre alt, wobei die kleineren Rassen länger leben. Wer im Alter von 30 Jahren einen Welpen anschafft, muss sich also klarmachen: Wenn ich 45 bin und immer noch munter durch den Park jogge, habe ich einen Senior an meiner Seite, der nicht selten nach ein paar Runden schlappmacht.

Viele Menschen meinen ja, dass Tiere eine ganz eigene Würde haben, die man im täglichen Umgang mit ihnen erspüren könne. Für andere ist das ein typisches Vermenschlichen ganz natürlicher Verhaltensweisen. So oder so: Hunde leiden zumindest phasenweise darunter, dass sie schlecht gucken und beißen können oder unfreiwillig ihren Schlafplatz verschmutzen. Welpen sind knuddelig und lebhaft – eben einfach „süß“. Oldies haben es da deutlich schwerer.

Für die Halter heißt das: weitermachen, dranbleiben, weiter lieb haben. Ein paar eindrucksvolle Beispiele fallen mir ein. In meiner Kinderzeit sah ich manchmal Nachbarn, die ihren alten Schäferhund über Monate vom Auto zum Haus trugen. Jahrelang hatte dieses Tier das Eigenheim gehütet und nicht nur Briefträger verschreckt – nun war er nur noch ein Bild des Elends. Erst kürzlich berichtete mir eine Frau, dass sie für ihren hochbetagten Labrador noch eine aufwendige Diabetes-Behandlung bezahlt und sogar eine Augenoperation finanziert hatte, die dem erblindeten Hund wieder Sehkraft gab. Was sie denn denjenigen gesagt habe, die Einschläfern den Vorzug gegeben hätten, wollte ich von ihr wissen. Die Antwort: „Ich sage dann immer: ‚Na hören Sie mal, wir sprechen hier von einem Familienmitglied.‘“

Ähnlich eine Familie, deren fast 18-jähriger Hund nachts oft imaginäre Einbrecher oder Hasen durchs Haus jagte, weil Demenz seinen alten Hundekopf durcheinandergebracht hatte. Die Halter verfuhren mit dem Tier wie einst in der Welpenzeit: trösten, gut zureden, aufmuntern – bis eines Tages gar nichts mehr ging. Schnell vergeht die Zeit mit Hund, und die wenigsten 15-Jährigen schaffen auch noch 18 oder 19.

Noch vor ein paar Jahren meldete sich der Parson Russell Terrier einer befreundeten Familie lautstark, sobald man die Stufen zur Haustür hinaufstieg. Dann sprang er dem Besucher in die Arme, wollte am liebsten sofort durch den Garten toben. Heute kann ich dreimal auf die Klingel drücken, und es geschieht nichts. Stocktaub ist er mittlerweile und auf einem Auge blind. Trotzdem drücke ich ihn und rede mit dem Tier wie in alten Zeiten. Und genauso werde ich in 15 Jahren noch mit meiner lieben Frieda verfahren. Hoffe ich jedenfalls.

Knapp 30 Jahre alt wurde der älteste Hund aller Zeiten – eine gewisse Maggie aus Australien. Ob so ein Hundeleben noch schön ist? Schwer zu sagen. Solange ein Hund sich nicht erkennbar quält, wird sich kein Halter leichten Herzens von ihm trennen können.

Mit Tränen in den Augen zeigte mir ein ansonsten ganz cooler Unternehmer kürzlich das Garten-Grab seines Mischlings, mit dem er viele Jahre verbracht hatte. „Ich stelle mir vor, dass er in einer Art Hundehimmel auf Wiesen rumspringt", sagte er mir ganz ernst, „ohne Schmerzen, genau so wie als ganz junger Hund."

FRIEDAS SHOWEINLAGEN RUND UMS THEMA FUTTER

Es ist nicht leicht, eine gesunde Ernährung durchzusetzen. Junge Hunde sind da oft ziemlich trickreich.

Als Frieda noch ganz klein war, reagierte sie zuverlässig vor allem auf ein Wort, nämlich „Fressi". Kaum hörte sie es (übrigens auch noch im scheinbaren Tiefschlaf), gingen ihre Klappohren in die Höhe, und sie spazierte zielstrebig in Richtung Fressplatz. Das Scheppern mit Futterdose und Napf zeitigte denselben Effekt, überhaupt klappte alles wie bei einem programmierten Spielzeughund. Das hat sich ziemlich verändert. Mal frisst Frieda Fressi gerne und entschlossen, mal überhaupt nicht. Was allerdings immer gleich bleibt, ist ihr Appetit auf alles, was ihr *nicht* im Fressnapf präsentiert wird – vom weggeworfenen Brötchen am Straßenrand über irgendwelche Krümel unterm Esstisch bis zu den diversen „Leckerli", die ihr immer mal angeboten werden. Hunde merken einfach mit der Zeit, dass es neben ihrem gesunden Standardfutter auch noch jede Menge andere feine Dinge gibt, für die es sich lohnt, unter vollem Körpereinsatz alle Tricks anzuwenden, die ein kleines Hundehirn so bereithält.

Wie alle jungen Hunde wendet auch Frieda normalerweise in flottem Wechsel ganz vielen verschiedenen Dingen des Alltagslebens ihre Aufmerksamkeit zu. Sie streift umher, „checkt" immerzu irgendetwas, langweilt sich schnell mal. Doch wenn der menschliche Teil ihres Rudels am Esstisch sitzt, hockt sie sich unendlich geduldig auf die Erde, und die sonst auch mal spröde Individualistin kann plötzlich unglaublich lieb gucken. Und auch ein bisschen traurig. Und vor allem: seeeehr hungrig. Richtig dünn und schwach wirkt sie dann sogar.

Das ganze Theater rund ums Futter ist noch so ein Phänomen, auf das Neu-Hundehalter kaum vorbereitet sind, und dauernd heißt es: Nerven behalten.

Vom Tisch aus füttern ist einer der größten Fehler, die man machen kann, denn dann fängt irgendwann die richtig aufdringliche Bettelei an. Ich gebe zu, dass ich gelegentlich mal ein paar Krümel „versehentlich" runterwische und mich dann an Friedas guter Laune erfreue. Aber das müssen Ausnahmen bleiben, und auch hier gilt wie so oft beim Umgang mit Hunden: unbedingt konsequent bleiben. Eine härtere Geduldsprobe ist die hartnäckige Essensverweigerung am gut gefüllten Napf. Das Ganze ist ein klarer Versuch, Herrchen zu ein paar Zugeständnissen beim Speiseplan zu bewegen.

Mit großem schauspielerischen Talent demonstriert Frieda ihre Abneigung: langsames Hintrotten mit hängenden Schultern, kurzes, missmutiges Angucken, „enttäuschtes" Wegschlurfen. Wenn sie ihrem Napf noch einen Tritt versetzen würde, könnte mich das auch nicht wirklich überraschen. Junkfood schmeckt ja auch vielen Menschen besser als Gemüse.

In der Hundeschule lernt man ja, die Tiere für besondere Leistungen mit kleinen „Schmankerln" zu belohnen – Wurst- oder Käseeckchen zum Beispiel. Das ist effektiv, verdirbt aber auch die Preise beziehungsweise verwöhnt die Geschmacksnerven der Hunde. Bekannte aus der Nachbarschaft mischen seit Kurzem immer Leckerli unter das Standardfutter, damit „er" auch gerne frisst. Ganz falsch. Meine bescheidenen Ratschläge nach rund neun Monaten mit Frieda: Leckerli als Besonderheit sparsam dosieren und über den Tag verteilen. Nichts davon ins Hauptfutter. Und: Napf nach einer Weile wieder wegstellen. Irgendwann schmeckt es Frieda plötzlich doch, dann nämlich, wenn ihr Magen zu knurren beginnt. „Es ist noch kein Hund vor seinem gefüllten Fressnapf verhungert", steht in einem Ratgeber. Harte Worte, aber zutreffend.

Nach all diesen klugen Worten über konsequente Ernährung jetzt noch eine Anekdote, die das alles ein bisschen konterkariert. Sie schließt direkt an die Betrachtung zu alten Hunden aus der vergangenen Woche an. Ich kenne eine Familie, deren 17-jähriger Jack-Russell-Mix ziemlich streng erzogen wurde und dessen Bettelei niemand je erhörte. Jetzt sah ich zu meinem Erstaunen, dass dieser Hund nun doch großzügig vom Tisch aus gefüttert wurde, und das sogar mit ein paar Delikatessen. Wieso dieser Sinneswandel? „Na ja, das ist so", erläuterte mir sein Frauchen jetzt nicht ohne Rührung. „Der Tierarzt gibt ihm noch ein bis anderthalb Jahre, und die wollen wir ihm so nett wie möglich machen."

RATLOSIGKEIT AM UND IM TIERFUTTER-LADEN

Einkaufen für Friedas Wohlergehen erweist sich als schwierig. Vor Ort kommt es zu einer seltsamen Begegnung.

In der vergangenen Woche habe ich Ihnen ja einiges über Friedas kuriose Fressgewohnheiten berichtet. In Missachtung der logischen Reihenfolge nun ein paar Betrachtungen zu dem Tierfutter-Laden meines Vertrauens. Die Kernbotschaft gleich vorab: Ich bin vom Angebot fasziniert, aber auch erschlagen – und ziemlich ratlos. Schnell noch ein kleiner Exkurs: Wie Sie ja wissen, bin ich sehr für den respektvollen Umgang mit Lebewesen. Wenn ich jetzt von Futter statt Tiernahrung schreibe, ist das keineswegs despektierlich gemeint. „Das Futter" klingt ja auch immer noch deutlich besser als „das Fressen", oder?

Da ich Sie ja immer so gerne mit Anekdoten unterhalte, hier mal eine zum Einstieg. Am Eingang des Futterhandels wurde die angeleinte Frieda schon an der Tür von einem frei laufenden Hund mit lautem Geknurre empfangen, der ungefähr 15-mal so groß war wie sie selbst. Nachdem ich dieses wenig einnehmende Tier verscheucht hatte, wandte ich mich mit einer freundlich vorgetragenen Minibeschwerde an den nächsten Verkäufer, so nach dem Motto: merkwürdige Begrüßung hier. Der Mann wunderte sich: „Komisch, der gehört gar nicht zu uns." Zehn Minuten später, wir waren längst mit anderen Dingen beschäftigt, zerrte eine Frau den großen Knurrhund zu Frieda und sagte laut und energisch ungefähr das Folgende: „Du hast der Kleinen Angst gemacht, du entschuldigst dich jetzt sofort." Und das Unglaubliche: Dieser Hunderiese legte sich vor Frieda auf die Erde und stupste sie unter freundlich-traurigen Klagelauten mit der Schnauze an. Frieda erwiderte auf das Herzlichste und die beiden kungelten sekundenlang wie die ältesten Freunde.

Also irgendwie werde ich diese Hundewelt nie ganz verstehen – und die ihrer Halter auch nicht. Angeblich vergessen doch alle Hunde quasi im Hand- beziehungsweise Pfotenumdrehen schnell wieder, für welche Aktion sie gelobt oder bestraft werden. Hatte dieser hier die Botschaft nun verstanden, oder war das Ganze nur eine große Show für die Galerie? Dazu ein Zitat von Emily Dickinson, das mir Leserin Karin B. letzte Woche schickte: „Ihr Hunde seid besser als Menschen, weil ihr vieles wisst, aber nichts verratet." Mit anderen Worten: Ich werde die Antwort nie erfahren, aber ein paar letzte Geheimnisse in unserer durchgeforschten Welt sind ja auch ganz schön.

Nun aber endlich zum Einkauf selbst – fast jedenfalls.

In meiner lange vergangenen Jugendzeit sprangen gefühlt zehn verschiedene Hundesorten in Hamburg herum: Schäferhund, Dackel, Pudel und Boxer gehörten dazu – wir erinnern uns. Dalmatiner oder Pekinese waren schon etwas ganz Extravagantes, später sah man dann immer häufiger „Exoten" wie Golden Retriever und einige Terrier-Sorten. Damals gab es nach meiner Erinnerung Hundefutter vor allem als Fleisch, das (in verschiedenen Geschmackssorten) aus schmucken Konservendosen serviert wurde. Dass Hunde auch einfach nur die bunt gemixten Reste vom Mittagessen ihrer Menschenfamilie bekamen, war auch noch gang und gäbe, ohne dass es den Tieren allzu sehr geschadet haben wird. Heute, das weiß ich mittlerweile, haben sich nicht nur die Hundesorten vervielfacht, sondern auch das Futterangebot in den diversen Spezialgeschäften.

Wie riesig die Auswahl wirklich ist, war mir zu Beginn der Frieda-Zeit gar nicht klar. Das lag auch daran, so viel Ehrlichkeit muss sein, dass ich beim Futtererwerb zunächst immer großzügig anderen Familienmitgliedern den Vortritt gelassen hatte. Als ich den Laden jetzt betrat, erschien mir der Einkauf entsprechend als die leichteste Sache der Welt. Zunächst sah ich ein paar von diesen Schweinereien, auf denen Hunde so gerne herumkauen: irgendwelche Ohren und sonstige Körperteile von Rindern, Schweinen und anderen längst verblichenen Huftieren.

Unsereins betrachtet so etwas ja nicht automatisch mit Begeisterung, aber für meine Frieda betreibe ich gerne ein paar Bio-Studien. Dahinter begannen Regale mit abgepacktem Tierfutter und anderem Schnickschnack. Was ich in diesem Labyrinth entdeckte, kann ich Ihnen aus Platzgründen leider erst in der kommenden Woche verraten ...

FRIEDA ZWISCHEN SCHNEE UND SCHLARAFFENLAND

Lauter emotionale Eindrücke:
Draußen sieht es aus wie eine Märchenwelt –
und drinnen im Futterladen auch.

Nach dem ausführlichen Vorgeplänkel zum Thema Tierfutter in der vergangenen Woche müsste ich nun eigentlich, wie angekündigt, schleunigst weiter berichten. Aber wir können hier nicht so tun, als sähe Friedas Alltag aktuell noch genauso aus wie in der vergangenen Woche. Das Wintermärchen Hamburg entfaltet schließlich auch aus der Hundeperspektive eine ganz besondere Wirkung, und wenn Frieda aufgeregt durch die weiße Pracht stratzt, kommt sie mir immer wie ein kleiner Fuchs im tiefsten Wald vor. Es ist zwar nicht der allererste Schnee ihres jungen Lebens (wir erinnern uns), aber der Kurzwinter vor ein paar Monaten war im Vergleich zum aktuellen Rodelparadies ja nur ein schwaches Vorgeplänkel.

Nun also endlich das, was man zu Recht als weiße Pracht bezeichnen muss. Frieda stürzt sich morgens mit Begeisterung in das kalte Pulver, stöbert, schmeckt, guckt. Manche Menschen rollen jetzt ihre Teppiche aus – gute Seite nach unten –, um sie zu klopfen und auf diese Weise zu reinigen. Daran muss ich immer denken, wenn Frieda ausgiebig herumtollt und ihr wunderschönes rotbraunes Fell rundum in den Schnee eintaucht. Am meisten Spaß macht es ihr, Schneebälle zu attackieren, die Herrchen in ihre Nähe wirft. Obwohl sich diese weißen Klöße dann stets sofort in 1000 Krümel verwandeln, gibt Frieda nicht auf und legt immer wieder von vorne los. Auch über einen zugefrorenen Teich im Hamburger Umland ist sie schon geschliddert – allerdings mit mäßiger Begeisterung.

Gerade bei diesen Temperaturen ist gesunde Ernährung für Mensch und Tier ja besonders wichtig. Und mit diesem originellen Übergang sind wir auch schon wieder im Tierfutter-Laden meines Vertrauens, irgendwo in unserer schönen Stadt.

Wenn ich mit verbundenen Augen in dieses Hunde-Schlaraffenland geführt worden wäre, hätte ich mich beim ersten Blick in die Regale in einem schicken Feinkostgeschäft gewähnt. Vitamin-Drops mit Joghurt und Multivitamin-Paste waren dort zu sehen, Algenkalk und „Bio Spirulina". Ich starrte auf Obst-Snacks und „Schmankerl", die wie Pralinen verpackt waren, las entgeistert das Kleingedruckte. „Für Hunde mit Sensitivität aus Getreide" stand da, oder auch: „Für Hunde mit normaler bis gesteigerter Aktivität." Hm. Als Laie würde ich sagen: Mal ist Frieda normal aktiv, mal gesteigert. Und nun? Auf einer Dose stand „Das feinste vom Lamm", auf einer anderen wurde „Pute mit Heidelbeeren" angepriesen. Kängurufleisch, Grünlippmuschel-Extrakt? Wie schmeckt so etwas bloß? Ich war kurz davor, mir mal einen Löffel reichen zu lassen, doch dann besann ich mich. Hier ging es schließlich um die gute Frieda, die gerade aufgewühlt unter den vielen Regalen herumstöberte.

Die Tierärztin hatte uns geraten, nach rund acht Monaten ruhig auch mal ein anderes Futter auszuprobieren, doch wofür sollte ich mich in diesem Tempel voller seltsamer Köstlichkeiten bloß entscheiden?

Als ich einem Verkäufer Friedas gelegentliche Fress-Unwilligkeit beschrieb und ihn fragte, zu welchem Futter aus dem riesigen Sortiment er mir raten würde, kam als Clou der Geschichte seine Antwort: „Zu überhaupt keinem." Auf solche „Zickerei" sollte ich nichts geben, Frieda werde bei entsprechendem Hunger schon fressen. O-Ton des Mannes, der vermutlich nicht am Umsatz beteiligt ist: „Da gilt bei mir immer die Devise ‚Friss oder stirb'." Na ja, auch eine Einstellung. Ziemlich flott suchten wir das Weite – Lachscreme hin, Büffelfleisch her. Das Thema wird mich sicherlich noch eine Weile beschäftigen, mal sehen, wie es weitergeht.

Einen frischen Kauknochen mit diesem speziellen Aroma, das nur Hunde lieben können, habe ich meiner Frieda dann aber doch noch gekauft. Allerdings ließ ich ihn umgehend in einer luftdichten Box verschwinden. Trotz mehrmaligen Händewaschens konnte Frieda ihr Geschenk abends offenbar immer noch wittern, denn ausgiebig küsste sie mir noch eine Weile die Hände ab. Schon gut, Frieda, nun tu nicht so verliebt. Deinen Knochen bekommst du schon noch irgendwann.

Und das mit dem Futter klären wir auch noch.

FRIEDA GEHT'S GUT, ABER NELLY WIRD VERMISST

Wenn Hunde plötzlich verschwinden, ist das für die Halter ein Drama – wie ein Fall aus Hamburg zeigt.

Die Hunde-Suchplakate, die man oft an Parkbäumen oder den Masten von Straßenlampen sieht, habe ich früher nie beachtet. Jetzt lese ich sie immer gründlich. Man will ja die Augen offen halten, gegebenenfalls irgendwie helfen. Da ist auf einmal viel Mitgefühl mit den Haltern, wenn irgendwelche liebenswert aussehenden Hunde spurlos verschwunden sind und zu lesen ist, dass sie schmerzlich vermisst werden.

Durchdrehen würde ich, wenn meine Frieda plötzlich weg wäre. Im Grunde gibt es natürlich nur zwei Möglichkeiten: Entweder sind die Tiere ausgebüxt, oder sie wurden gestohlen. Hunde, die weglaufen, bleiben nicht ewig verschwunden. Entweder kommen sie von alleine zurück, oder nette Finder melden sich bei einem Tierheim oder der Polizei. In Hamburg müssen alle Hunde ab dem dritten Lebensmonat „gechipt" sein, und man kann den jeweiligen Halter relativ leicht ermitteln.

Etwas anderes ist es, wenn ein Fremder einen Hund vorsätzlich behält, weil der ihm angeblich zugelaufen ist. Viele Hunde sind ja sehr zutraulich. Wer mit ihnen umgehen kann und über die nötige Skrupellosigkeit verfügt, kann sie innerhalb weniger Minuten weglocken. Eine Sauerei ist so etwas.

Wie ich auf dieses Thema komme?

In der vergangenen Woche meldete sich Leserin Carin C. aus Langenhorn und fragte, ob ich ihr irgendwie bei der Suche nach ihrem Jack Russell Terrier Nelly helfen könne. Viel kann ich nicht tun, aber ausnahmsweise mal den Fall schildern – das geht schon.

Nelly verschwand am 1. März bei Schneetreiben am Hummelsee in Hummelsbüttel. Sie ist vier Jahre und ein paar Monate alt und sehr zutraulich. Überall in der Umgebung des Sees hängen jetzt Plakate mit Nellys Foto. Sie ist registriert und müsste eigentlich schon längst abgegeben worden sein. Allerdings hat ein Zeuge gesehen, dass eine unbekannte Frau am See einen Hund ansprach – vielleicht Nelly. „In Trauer versunken" sei die Familie in den ersten Tagen, erzählt mir Frau C. am Telefon. Dann startete sie eine große Suchaktion, an der sogar eine private Hundestaffel aus Schleswig-Holstein beteiligt wurde. Bislang gibt es trotz allem keine Spur von der süßen Hündin.

Ob Menschen Hunde vorsätzlich stehlen? Ein Polizist sagte mir mal, dass spontanes „Mitschnacken" wohl viel häufiger vorkommt. Die Täter sehen einen hübschen, zutraulichen Hund und nehmen ihn einfach an sich. Es gilt als ziemlich sicher, dass Hunde sich ziemlich schnell an ein neues Herrchen oder Frauchen gewöhnen können. Wer aber wirklich lange unter der Trennung leidet, sind die rechtmäßigen Halter.

„Ist doch nur ein Hund" – so einen Satz würde ich nie sagen. Kann sein, dass wir es manchmal mit den Sorgen um unsere Frieda etwas übertreiben, so wie junge Eltern ja auch immer gleich denken, dass ihrem Baby ein Sonnenstich oder Eisfüße drohen. Als Frieda noch ein schmächtiger Welpe war, erzählte mir eine Spaziergängerin an der Elbe mal, der Babyhund ihrer Tochter sei von irgendeinem „großen Vogel" geschnappt worden und auf Nimmerwiedersehen verschwunden. Seitdem hatte ich immer ein Auge auf die vielen Möwen in Wassernähe, die tatsächlich Interesse an dem kleinen Fellknäuel zu haben schienen. Ich kenne junge Hundehalter, die geradezu panisch nachgucken, ob im Gäste-WC der Klodeckel geschlossen ist, damit „er" nicht ertrinken kann.

Wenn ich mal Brötchen hole, muss ich Frieda vor der Bäckerei meines Vertrauens immer anleinen – leider so, dass ich sie von drinnen nicht sehen kann. Wenn dann in der Schlange vor mir jemand eine Diskussion über Zusatzstoffe anfängt oder 26 verschiedene Brötchen möchte, werde ich gleich ganz unruhig. Denn Frieda ist nicht nur wunderhübsch, sondern auch ein vertrauensseliges Hundemädchen, das vermutlich mit jedem mitgehen würde. „Noch nie in ihrem Leben hat Nelly Schlimmes erlebt", berichtete mir Frau C. Genau deshalb ist sie auch ganz arglos – so wie meine Frieda es im Ernstfall wäre.

Auf Frieda passe ich auch künftig lieber etwas zu sehr auf, da bin ich ganz uncool. Und Nelly und ihrer Menschenfamilie wünsche ich ein gutes Ende dieser Geschichte.

FRIEDA ERLEBT IHRE ERSTE ZEITUMSTELLUNG – UND GÄHNT

Reichlich müde war das Hundemädchen Anfang der Woche. Das Leben nach der Uhr ist ja auch Menschenwerk.

Ich weiß ja nicht, wie es Ihnen geht, aber irgendwie kommt die Zeitumstellung immer so überraschend wie Weihnachten, die Oscar-Verleihung oder der Beginn der Sommerferien. Irgendwann wird irgendwo mitgeteilt, dass man die Uhren umstellen soll, und so ziemlich alle Menschen schlagen sich ganz überrumpelt vor die Stirn. Die häufigsten Sätze: „Ach, ist das schon wieder so weit?" Und: „In welche Richtung noch mal, vor oder zurück?"

Als Nächstes folgt dann eine Diskussion über Sinn und Unsinn dieser Aktion, bei der ich mich immer raushalte. Ich finde die Sommerzeit gut, aber in manchen Gesprächsrunden bin ich da dann auch der Einzige. Wie Tiere darauf reagieren, hat mich früher nicht die Bohne interessiert. Dass die Kühe zunächst Stress beim Melken haben, ist ja regelmäßig zu hören, angeblich geben sie sogar bis zu einer Woche lang weniger Milch als sonst. Das tut mir leid, auch wenn ich fast nie Milch trinke.

Und Frieda?

Anders als ihr menschliches Rudel hat sie am Montag erst mal kräftig verschlafen. Müde taumelte sie auf ihr rumorendes Herrchen zu, schien kurz in Spiellaune zu sein, verzog sich dann aber doch wieder ins Körbchen. Auch der zweite Anlauf scheiterte, und eine gewisse Ratlosigkeit war ihr anzusehen. Die Arme weiß ja noch nicht, dass es jetzt erst mal so weitergeht.

Tiere und die (von Menschenhirnen erdachte) Zeiteinteilung – das ist so ein Thema für sich. Dass ein durchgetakteter Zeitplan den Hunden Sicherheit gibt, ist überall zu lesen. Das mag zutreffen, aber vor allem gibt er, so viel Ehrlichkeit muss sein, erst mal den Haltern selbst Sicherheit und garantiert ihnen einen halbwegs stressfreien, gut planbaren Alltag. Gegner einer solchen stringenten Planung kritisieren, dass Hunde mit der Zeit immer eingefahrener werden und beispielsweise nur noch zu ganz bestimmten Zeiten fressen können. Mir scheint das etwas übertrieben, jedenfalls habe ich bei Frieda noch nichts Derartiges bemerkt. Außerdem lernen Hunde sehr schnell, und man kann ihnen Beigebrachtes ja auch wieder abgewöhnen. Allerdings verläuft Friedas täglicher Morgen mit Gassigehen, Fressen und Spielen zwar immer ziemlich gleich, aber den zeitlichen Ablauf können wir beide einigermaßen variieren. Bei anderen Hundehaltern ist das Zeitfenster sicherlich deutlich knapper bemessen, und da könnten Probleme schon eher auftreten.

In einem Ratgeber fand ich jetzt den Tipp, die Aufsteh-, Fress- und Gassizeiten ungefähr eine Woche vor der Umstellung sukzessive um jeweils rund zehn Minuten zu verschieben. Tja, dafür ist es jetzt zu spät – hätte ich mich mal früher drum kümmern können. Mal sehen, wie Frieda in den nächsten Tagen so klarkommt, vielleicht nehme ich mir das dann für die Umstellung auf die Winterzeit vor.

Eine traurige Nachricht erreichte mich gestern von Abendblatt-Leserin Carin C., über deren vermissten Hund Nelly ich vor zwei Wochen berichtet hatte. Nelly ist jetzt tot am Hummelsee aufgefunden worden. Offenbar war sie bei Schneetreiben in einem kurzen, unbemerkten Augenblick Anfang März aufs dünne Eis gelaufen, eingebrochen und ertrunken.

Das Leben muss weitergehen, deshalb jetzt ein etwas rabiater Übergang. In der kommenden Woche wird die gute Frieda ein Jahr alt! Entsprechend wird es dann Zeit für eine kleine Zwischenbilanz.

FRIEDA HAT GEBURTSTAG

Zeit die Merkwürdigkeiten eines ganz besonderen Hundedaseins zu erzählen.

Mal sehen, ob wir unsere Frieda am Freitag hochleben lassen. Ein Jahr alt wird das Hundemädchen dann. Am 6. April 2017 schlüpfte sie in diese interessante Welt – als sechstes und damit vorletztes Welpenkind eines Wurfes. Die kräftigsten ihrer Geschwister waren natürlich die ältesten – danach ging die Kurve immer weiter nach unten. Verglichen mit ihren größeren Brüdern und Schwestern war sie damals geradezu ein Winzling, und groß und schwer ist sie ja auch (bisher) nicht geworden.

Nach fünf Wochen konnten wir uns das fiepende Hundekinder-Knäuel in einer Art Scheune angucken, und dabei wurde die heutige Frieda (damals noch namenlos) auch ausgesucht. Auf der ausgestreckten Handfläche fand sie bequem Platz, blickte durch halb geschlossene Augen und sah – vermutlich noch gar nichts.

Was Hunde wirklich so ahnen, verstehen und wissen, wird ein ewiges Rätsel bleiben, auch wenn noch so viele schlaue Bücher darüber geschrieben werden. Was Frieda keinesfalls ahnen konnte, war der spektakuläre Ortswechsel von einem Karlsruher Vorort in den hohen Norden. Alster, Elbe, Nord- und Ostsee, Heide, Schietwetter. Da war sie allerdings schon ein Stück älter. Erst mit zwei Monaten wurde die Kleine, jetzt endlich mit Namen versehen, per Auto nachts in den kühlen Norden geholt. Aber das wäre ja nun schon wieder ein anderes Jubiläum.

Friedas erstes Lebensjahr war, wie Sie als treue Leser ja wissen, unheimlich vollgepackt; die meisten Hunde erleben vermutlich nicht mal halb so viel. Erst am vergangenen Sonntag sah, roch und hörte sie im Raum Lüchow-Dannenberg das erste Osterfeuer ihres jungen Lebens – und dann auch gleich ein besonders spektakuläres. Ganz energisch zog sie zu meinem großen Schrecken an der Leine in Richtung des lodernden Scheiterhaufens – mehr neugierig als verwegen. Das ist irgendwie auch typisch für junge Hunde (jedenfalls für Frieda): in einigen Situationen keine erkennbare Angst, zum Beispiel vor größeren Tieren oder Menschenansammlungen – und dann plötzlich Furcht und panisches Gebell wegen eines Besens oder irgendwelcher anderer Lappalien.

Und hier sind wir auch schon beim Thema der heutigen Kolumne. Friedas Geburtstag bietet eine gute Gelegenheit, die ganzen Besonderheiten aufzuzählen, die dieser liebe, fast einjährige Hund zu bieten hat. Es ist doch so: Als Neu-Halter wühlt man sich entschlossen durch die Berge von Fachliteratur und flöht (passendes Wortspiel) auch die diversen Internetforen nach Brauchbarem durch. Das ist absolut hilfreich und unverzichtbar. Doch die Infos zu einigen tierischen Verhaltensweisen muss ich überlesen haben, oder sie sind anderen so sonnenklar, dass darüber keine Worte mehr verloren werden. Uns hat da einiges ganz schön überrumpelt. Hier eine Auswahl:

Albträume: Feueralarm oder was? Erst gestern Morgen schreckte ein schrilles, ganz monotones Pfeifen die ganze Familie aus den Betten. Klang so ähnlich wie ein singender Teekessel. Faktisch war es aber Frieda, die in ihrem Körbchen schlief – und offenbar von einem schlimmen Albtraum gepeinigt wurde.

Plötzliches Verbellen: Stundenlang spaziere ich mit Frieda durch die Straßen, und wir passieren fast pausenlos Mülleimer, Papierkörbe, Briefkästen und andere Zeichen unserer Großstadtzivilisation. Alles nimmt Frieda gelassen hin, bis sie dann willkürlich irgendein Fahrrad oder einen gelben Sack ganz unvermittelt wüst anbellt. Ja, genau der muss es sein. Warum nur?

Krümelsucht: Kein Familienessen, bei dem sich Frieda nicht unter dem Tisch herumdrückt. Das Merkwürdige: Sie bettelt gar nicht, hat es aber auf jeden, wirklich jeden, Krümel abgesehen, der runterfällt. Sie scannt auch ständig die Fußböden nach Krümeln ab, die oft so klein sind, dass sie vermutlich nach gar nichts schmecken. Auch wenn der Napf voll ist. Was hat sie bloß davon?

ERSTAUNLICH, WAS FRIEDA LIEBT – UND WAS NICHT

Weiter geht's mit den diversen Merwürdigkeiten aus einem einjährigen Hundeleben.

Eigentlich macht es ja keinen Sinn, einem Hund etwas zum ersten Geburtstag zu schenken. Das Tier weiß nicht, was das Theater soll, und wartet wahrscheinlich sehnsüchtig auf eine Fortsetzung dieser wundersamen Gabe außer der Reihe. Aber so ganz kalt konnte uns der vergangene Freitag dann doch nicht lassen. Sagen wir mal so: Nach allerlei Tierischem ist das wohl mal ein Beispiel für eine menschliche Schwäche. Kurzum: Frieda bekam ausnahmsweise ein ungepökeltes Würstchen und wurde von ihrer Menschenfamilie abgeknutscht. Sie nahm das gelassen zur Kenntnis. Von ihren gelegentlichen Albträumen und der permanenten Krümelsucht habe ich in der vergangenen Woche ja schon berichtet. Hier nun die Fortsetzung mit weiteren Merkwürdigkeiten, mit denen man als Neu-Hundehalter nicht unbedingt rechnen kann.

Keramik-Enten, Hunde aus Kunststoff, steinerne Riesenfrösche: Sämtliche nachgemachten Artgenossen und sonstige scheinbare Lebewesen sind Jung-Frieda nicht geheuer. Wenn ich mit ihr an einem Vorgarten vorbeigehe, aus der sie irgendwelche Glas- oder Kunststoffaugen anglotzen, knurrt und kläfft sie oft unerbittlich. Um ihre Pseudo-Artgenossen springt sie gerne vorsichtig herum, so nach dem Motto: Spiel mit mir. Das Wort vom falschen Hund bekommt eine ganz klare Bedeutung. Auch Gartenzwerge werden misstrauisch angeknurrt – da können die noch so herzig grinsen. Was hilft? Wenn's die Eigentümer erlauben: gemeinsam hingehen und dagegen klopfen. „Guck mal, der tut nichts", sage ich manchmal, auch wenn ich mir dabei etwas blöd vorkomme.

Dass Hunde immer mal den hauseigenen Garten markieren, lässt sich nicht vermeiden – auch wenn es längst nicht täglich passiert. Ich hätte allerdings in der Vor-Frieda-Zeit nie gedacht, wie nachhaltig der Rasen dabei geschädigt wird. Handtellergroß sind die verätzten gelb-braunen Löcher inmitten der grünen Fläche. Frieda, du Anarchistin!

Über Erinnerungsvermögen und Zeitgefühl von Hunden wurde schon viel geschrieben – klar und eindeutig ist da so gut wie nichts. Die ganzen Kommandos, die Frieda aktuell lernt, müssen 100-mal wiederholt werden, bevor sie einigermaßen sitzen, danach ist dann dauerndes Auffrischen und Vertiefen angesagt. Aber wenn Frieda mal irgendwo am Straßenrand einen zerbröselten Keksrest oder ein Stück Brötchen findet, vergisst sie das tagelang nicht. Bei jedem Spaziergang will sie dann wieder genau dorthin zurück – zieht und zerrt und macht und tut. Selbst wenn wir dann einen ganz anderen Weg gehen, kann sie die betreffende Stelle sofort wiederfinden. Um an diese nicht gerade sehr ausgesuchten Leckereien zu kommen, bietet das Hundemädchen vollsten Körpereinsatz. Sie quetscht sich unter Zäunen hindurch, kriecht durch dorniges Gestrüpp, robbt, pirscht, klettert. Um ihr alltägliches Fressi macht sie nicht so ein Theater.

Noch so eine merkwürdige Eigenart, auf die wir nicht vorbereitet waren. Auf weit ausgedehnten, leeren Flächen läuft Frieda manchmal unvermittelt schneller und rennt plötzlich mit ungebremstem Tempo los, bis sie nur noch ein Stecknadelkopf irgendwo in der Ferne ist. Rufen, Pfeifen und sonstige Rückholversuche sind völlig vergeblich. Das Merkwürdige: Pure Lebensfreude scheint mir das nicht zu sein. Sie kann nicht wirklich stoppen, und das Ganze wirkt, als falle sie in einen leeren Raum.

Danke Friedalein, dass du trotz zierlicher Gestalt und deiner knapp fünf Kilo so ein toller, mutiger Wachhund bist. Aber die Leute, die da in dem Zimmer hinter dem großen Wohnzimmerfenster herumgeistern, brauchst du nicht zu verbellen. Das sind wir nämlich selbst. Der ganze Raum spiegelt sich samt Inhalt – aber das ist momentan wohl noch zu schwer zu verstehen. Wir ziehen einfach die Vorhänge zu – schon ist der Spuk vorbei.

KAMPF MIT DER BAYERISCHEN ZECKE – UND MIT FRIEDA

Der Kurzurlaub brachte neue Eindrücke im Süden – und eine Begegnung, auf die wir gerne verzichtet hätten.

Da Frieda ja nun zur Familie gehört, musste sie auch ein großes Menschen-Geburtstagsfest mitmachen – und das auch noch im tiefsten Bayern. Alles ließ sie bravourös über sich ergehen, von der langen Autofahrt bis zu den dauernd wechselnden Höhenunterschieden. Die energische Sprache der vielen Unbekannten, die „des Hündla“ mal abklopfen wollten und die ungewohnte Kleidung (Trachten) schien sie etwas verdutzt zur Kenntnis zu nehmen – aber wohlgefühlt hat sie sich allemal.

„Fängt's auch g'scheit Mäus?“, wollten einige wissen – ein Beweis dafür, das Hunde auf dem Land eben auch Nutztiere sind. Die größte Versuchung waren höchstens die vielen Metzgereien selbst in kleinsten Dörfern, aus denen es immer so köstlich duftet. Da ist es ja auch für Menschen aus dem Norden fast unmöglich, nicht dauernd an Bratwurst und Leberkäse zu denken.

Nach kurzer Zeit genoss Frieda die schöne Landschaft und das gute Wetter. Sie stratzte durch Feld und Flur (wo erlaubt), schlitterte ein paar Abhänge hinunter, schlabberte Wasser aus einem klaren Bach. Es hätte alles so schön sein können, aber die Überschrift dieser Kolumne zeigt Ihnen ja schon, dass ihre Wald- und Wiesentoberei nicht ohne Folgen geblieben war. Im Hotelzimmer entdeckten wir die Zecke, die bereits angedockt hatte – auch noch an Friedas weichem Streichelbauch. Es gibt ja wohl keine ekelhafteren Tiere als diese tückischen Parasiten, die ja für Mensch und Tier auch nicht ungefährlich sind. Haifische, Skorpione und Schlangen finde ich dagegen richtig sympathisch – zumal die meistens ja auch nur verständlicherweise ihre Reviere verteidigen.

Nun musste Frieda also schnellstens von diesem Untier befreit werden. Doch auch wenn man das Entfernen technisch einigermaßen beherrscht, bleibt ein grundlegendes Problem: Mein lieber Hund ist von solchen Aktionen alles andere als begeistert. Lassen Sie mich etwas ausholen, um das Problem zu verdeutlichen.

Bei meinen diversen Parkbekanntschaften läuft in Sachen Hund immer alles perfekt. Angebli. Die Tiere sind ausnahmslos pflegeleicht und so schlau, dass einige vermutlich schon Baumschulen leiten oder Hundekuchen backen könnten. Fell und Krallen schneiden? Kein Problem. „Sie“ und „er“ lieben das geradezu, und wahrscheinlich würden die auch bei einer Zahn-OP mit dem Schwanz wedeln und noch selbst mit zupacken. Entsprechend kleinlaut (aber ehrlich) gestehe ich hier, dass es eine Tortur war, diese Zecke zu entfernen.

Uns traf das nicht unvorbereitet, weil Frieda beim ersten Krallenschneiden ihres jungen Lebens auch „not amused“ war und von der Tierärztin kurzerhand einen Maulkorb verpasst bekam. Sie verstehen schon.

Waren es nun unsere besorgten Blicke oder das verdächtig-unverdächtige Nachgucken? Wie auch immer: Hunde merken schnell, dass etwas im Busche (beziehungsweise im Fell) ist und dass ihnen Ungemach droht. Wenn Frieda in Schmusestimmung ist, lässt sie sich eine halbe Stunde lang kraulen. Will man aber etwas an ihrem Körper nachchecken, ist schnell Schluss mit lustig. Nachdem sie die Zeckenzange gesehen und den unschönen Braten gerochen hatte, bewegte sie sich jedenfalls schlagartig ganz vorsichtig und belauerte uns mit schrägen Blicken.

Mit Rücksicht auf sensiblere Leserinnen und Leser möchte ich nicht zu sehr in die Details gehen. Auch sollte das tadellose Bild von der guten Frieda keine Kratzer bekommen. Fakt ist, dass Herrchen sich vorsichtshalber Handschuhe auslieh, um die ängstlich-ärgerliche Frieda festzuhalten. Das eigentliche Entfernen ging dann schnell: eine Drehung kurz antäuschen, dann in die Gegenrichtung – schon war der üble Blutsauger überrumpelt. Friedebutsch, die eben noch um ihr Leben gekämpft hatte, wunderte sich nun, dass sie schon so schnell wieder in die Freiheit des Hotelzimmers entlassen wurde. Eine Weile wirkte sie noch etwas nachtragend, dann war auch das ausgestanden.

Auch als bekennender Tierfreund schreibe ich hier vergnügt: Dem Zeckenviech habe ich mit Freude den Garaus gemacht. Leider lauern ja Tausende Geschwister überall im Unterholz.

NACHDENKEN ÜBER CESAR MILLAN – OHNE FRIEDA

Der Hundeflüsterer war in Hamburg und punktete auf der Bühne deutlich weniger als im Fernsehen.

Wenn sich der weltberühmte Cesar Millan mal in die Weltstadt Hamburg verirrt, kann mich das nicht kalt lassen. Ich bin schließlich auch Hundeflüsterer – wenngleich ich mich dabei auf Frieda beschränke. Was heißt überhaupt flüstern? Klar und deutlich rede ich mit ihr oder versuche, mich mit Gesten auszudrücken, so wie Millan es im Fernsehen immer vormacht.

Verglichen mit dem 48 Jahre alten gebürtigen Mexikaner verstehe ich ungefähr so viel von Hundetraining wie ein Grundschüler von einem Harvard-Abschluss – oder noch weniger. Entsprechend werde ich mich hier hüten, seinen Auftritt in der Barclaycard Arena vergangene Woche zu analysieren oder gar auseinanderzunehmen. Heute dazu also nur ein paar kurze Anmerkungen. Frieda musste übrigens zu Hause bleiben, im Publikum saßen nur Zweibeiner.

Cesar Millan, der bei Facebook mehr als 2,3 Millionen Fans hat, ist ja bekanntlich umstritten. Viele folgen seiner „dominanzgeprägten Rudelführertheorie", andere halten ihn für einen Tierquäler, der Hunde schon mal auf der Bühne niederringt, ihnen die Luft mit Würgehalsbändern abdrückt und alles in allem nur eine einzige große Show abzieht.

Gut finde ich, dass er die Vermenschlichung von Hunden kritisiert, da ist ja früher manches falsch gelaufen.

Viele von uns sind ja zum Teil noch aufgewachsen mit Wundertieren wie Lassie, die Gedanken lesen und fiese Räuber bei ihren Plänen belauschen konnten. Der oft gefallene Satz von Jungherrchen Timmy klingt mir heute noch im Ohr: „Du Dad, Lassie will uns was sagen.“

Apropos: Wenn ich hier aus Friedas Alltag berichte und gelegentlich darüber schreibe, was in ihrem hübschen Kopf vorgehen könnte, ist das natürlich fast nie ernst gemeint, sondern glossierend. Die Gedankenwelt der Tiere ist rätselhaft – und so soll es auch bleiben. Frieda küsst mir ja auch nicht die Hände ab, weil sie mich so liebt, sondern weil ich gerade Fleisch geschnitten habe. Da mache ich mir gar keine Illusionen. Naja, sagen wir mal: fast gar keine.

Cesar redet dagegen Klartext. Er führt alle Scherereien, die Hundehalter mit ihren Tieren haben, darauf zurück, dass diese Menschen sich nicht als Rudelführer etabliert haben. Damit drängen sie ihre Tiere in die Position, mehr Dominanz zeigen zu müssen, als sie eigentlich möchten oder können.

Ich kann das, wie eingangs bemerkt, nicht wirklich abschließend beurteilen. Allerdings nervt mich oft, wie Hunde in anderen Fernsehsendungen vermenschlicht und dafür manipuliert werden. Da halte ich mich lieber an Millan und die vielen anderen Experten, die sich über die Selbstlosigkeit von Hunden keine Illusionen machen.

„Wenn Sie nicht der Rudelführer Ihres Hundes sind, wird er diese Aufgabe übernehmen und versuchen wollen, sie zu dominieren“, schreibt der Hundeflüsterer in einem seiner Bücher. Prima, wenn man das ohne Würgehalsband oder ähnlichen Mist hinbekommt.

Zum Hamburg-Auftritt selbst ist zu sagen, dass wir uns angesichts der hohen Kartenpreise doch etwas mehr versprochen hatten. Nur eine Handvoll Zuschauerhunde kam auf die Bühne, die Cesar schnell kurierte, darunter ein Hund, der auf der Straße immer alte Kaugummis fraß. Hoffentlich ist dem jetzt geholfen. Ansonsten gab es Filmausschnitte mit aufgewühlten Herr- und Frauchen aus Amerika und eine langatmige, märchenhafte Geschichte über die Beziehung zwischen Mensch und Hund. Millan kommt kompetent und freundlich rüber, lacht viel, gibt Autogramme.

Auch seinen Sohn Andre haben wir nun alle kennengelernt – einen jungen Mann, der genauso strahlende Zähne hat wie sein Papa und so smart und gestenreich redet, als habe er soeben ein Rhetorik-Seminar als Klassenbester abgeschlossen. Ganz klar: Hier wird die Menschheit mit der nächsten Hundeflüsterer-Generation vertraut gemacht, denn eines fernen Tages wird sich der gute Cesar ja wohl zur Ruhe setzen wollen. Vielleicht hat er dann ja genug von zickigen Hunden und ratlosen Menschen, sodass Andre Vaters Millionenimperium übernehmen muss. So wird dieses Hundeleben immer weitergehen.

FRIEDA, DIE GROßSTADT UND DIE FAHRRAD-SAISON

Besonders aufpassen müssen Hundehalter jetzt beim Spazierengehen. Schön wär's, wenn alle Rücksicht nähmen.

Zunächst ein herzlicher Gruß an das nette Ehepaar, das „die Frieda aus dem Abendblatt“ am vorletzten Wochenende in einem Restaurant an der Karolinenstraße erkannt hat. Leider reagierte sie dann reichlich unwirsch auf den gut gemeinten Streichelversuch, was die netten Leser aber recht gelassen wegsteckten. Sorry noch mal dafür. Vermutlich ist sie erschrocken – oder steigt dem Tier langsam der Ruhm zu Kopf? Wird die Kleine größenwahnsinnig? Ich werde es kritisch beobachten.

Aus den Streitereien zwischen Hamburgs Verkehrsteilnehmern halte ich mich raus. Manche Wutausbrüche kann ich verstehen, andere überhaupt nicht. Ist mir aber auch egal. Warum soll ich mir Gedanken über Leute machen, die gerade mal zu viel Adrenalin im Blut haben. Lieber genieße ich die schöne, frühsommerliche Stadt, die ich mir dank etlicher Frieda-Spaziergänge viel gemächlicher angucke als früher. Im Übrigen – das nur am Rande – ist ein pöbelndes, hysterisches Herrchen (oder Frauchen) auch nichts Gutes für einen Hund, der ja ruhige, klare Ansprachen braucht.

Ich liebe das Radfahren. Wenn ich mich nicht zu Fuß fortbewege, nutze ich zu ungefähr 75 Prozent Fahrrad oder Bahn, der Rest geht für Autofahrten drauf. Im Fahrradkorb ist Frieda manchmal dabei, und sie guckt ziemlich majestätisch in der Gegend herum, während der Fahrtwind ihre Schlappohren nach hinten weht.

Nach diesem Vorgeplänkel nun zum eigentlichen Punkt: Wie Sie als treue Leser ja wissen, lernt Frieda gerade, ohne Leine neben ihren Menschen zu laufen, was in Hamburg ja unter bestimmten Bedingungen laut Hundegesetz erlaubt ist. Das klappt von Tag zu Tag besser. Von den Straßen hält sie sich mittlerweile fern und wartet beim Überqueren brav an den Seiten. Schwieriger ist es, sie von solchen Radwegen fernzuhalten, die auf einer Ebene parallel mit den Fußwegen verlaufen. Stress gibt es gelegentlich auch auf Parkwegen, wenn Radler unvermittelt dicht an uns vorbeifahren. Frieda (angeleint) erschrickt, springt herum und wird erst recht zum kleinen, beweglichen Hindernis. In einer unserer letzten Spielgruppen war eine Familie mit einem neuen Hund, dessen noch ganz junger Vorgänger von einem Fahrrad überrollt worden war. Zunächst hatte es noch so ausgesehen, als sei alles gut gegangen, dann war der kleine Kerl zu Hause im Körbchen gestorben – wohl an inneren Verletzungen. Keine Ahnung, wer da jetzt „Schuld" hatte. Klar ist aber, wer der Gestrafte war.

Ich kann hier nichts fordern, aber ich bitte Radfahrer ganz allgemein, auch auf (junge) Hunde Rücksicht zu nehmen. Genau wie kleine Kinder bewegen sie sich manchmal etwas tollpatschig auf Fußwegen und laufen oft auch ein wenig zickzack. Dass man als Radler auch schon so jede Menge Stress hat, weiß ich auch – entsprechend das Ganze hier auch nur als eine höfliche Bitte. Echte Krisen haben wir übrigens noch nie erlebt. Wenn wir in den letzten Wochen einem korrekt fahrenden Radfahrer ein bisschen in die Quere kamen, ließ sich alles immer mit Blickkontakt, schnellem Eingreifen und einem freundlichen „sorry" klären.

Nachdenklich stimmt mich allerdings folgende Begebenheit: Vor ungefähr einer Woche hatte der Hund einer älteren Dame mitten auf einem Radweg einen Trotzanfall – gerade als ich dort radelte. Das Ganze wirkte eigentlich eher amüsant als in irgendeiner Weise gefährlich. Ich stoppte, sprang vom Rad und half der Halterin, das störrische Tier wieder auf den Gehweg zu bekommen. Wir mussten etwas lachen, tauschten uns über unsere Hunde aus, da sagte sie plötzlich fast wörtlich: „Na

Gott sei Dank. Als Sie da vom Rad sprangen, hatte ich mich schon vor einem riesigen Donnerwetter gefürchtet." Kann das sein? Sind wir inzwischen in Hamburg schon so weit, dass ältere Leute davor Angst haben müssen, wegen einer solchen Lappalie angeschnauzt zu werden? Naturgemäß drängt sich jetzt der Vergleich mit kläffenden Kötern auf, aber lassen wir das. Wenn sich alle etwas gelassener durch Hamburg bewegen und aufeinander Rücksicht nehmen, lässt sich die Stadt noch viel mehr genießen.

Egal, ob mit oder ohne Hund.

FRIEDEBUTSCH: MAN IST SICH JA FÜR NICHTS ZU BLÖD

Auch über diese Brücken muss Frieda jetzt gehen. Hunde lernen erst mit der Zeit, solche Hindernisse zu meistern. Da braucht man Geduld.

In der kommenden Woche vor einem Jahr ging's los: Fahrt Richtung Süddeutschland, einen Welpen abholen. Sie kennen die Geschichte ja schon, heute kürze ich das mal ab.

Fast ein Jahr lang ist Frieda jetzt also Familienmitglied, aber diese Zeit kommt uns eigentlich viel länger vor. Woran das liegt? Zum einen erobern sich Hunde von Anfang an ihren Platz im Menschenleben – und zwar so intensiv, dass man sich schon bald kaum mehr an die Zeit ohne sie erinnern kann. „Die schleichen sich richtig in unsere Herzen", sagte mir neulich ein ansonsten ziemlich hartgesottener Unternehmer – und genau so ist es. Zum anderen – so ehrlich muss man auch sein – machen vor allem Welpen bei aller Freude auch so viel Arbeit, dass manche Tage (und auch viele Nächte) sich in die Länge ziehen wie Kaugummi.

Man erlebt 24 Stunden plötzlich wieder in „Echtzeit", und vom frühmorgendlichen Gassigehen bis zum letzten Gang um den Block in tiefer Nacht vergeht der Tag nicht gerade wie im Flug. Ein riesiger Prozentsatz der häuslichen Gespräche und Aktionen dreht sich nur noch um „sie", und es ist schlicht unmöglich, dass so ein Hundekind quasi nebenbei groß wird. Ein Leben ohne Friedebutsch kann und will ich mir nicht mehr vorstellen. Aber ob ich mein Hundeglück jemals wieder mit einem Welpen versuchen werde? Kein Kommentar.

Viel hat Frieda in den vergangenen Monaten lernen müssen. Dass etliche Unwägbarkeiten Neu-Halter trotz intensiven Ratgeber-Studiums auch ganz unvorbereitet anfallen, hatte ich ja neulich anhand einer kleinen Liste beschrieben. Heute geht's um ein Phänomen, von dem wir vorab zwar mal gelesen hatten, das wir uns aber nicht so stressig vorgestellt hätten. Es geht um das Überqueren von Fußgängerbrücken, Bodengittern und Sielen – weitere Fachtermini können Sie gerne selbst eintragen. Die gute Nachricht gleich vorab: Damit klappt es inzwischen schon sehr gut – hier sehe ich deutliche Fortschritte bei meinem lieben Hund.

Im vergangenen Jahr sah das alles noch ganz anders aus. Bereits der Übergang von ihrem geliebten Teppichboden auf Holzdielen war Frieda höchst unbehaglich und ließ sie ganz schön durchs Zimmer eiern. Draußen war dann an einigen Stellen kaum noch ein Weiterkommen. Wer mit einem Junghund durch die Straßen spaziert, bemerkt plötzlich die vielen unsichtbaren Hindernisse im Boden, die uns Menschen natürlich nicht auffallen, geschweige denn stören. Alles mit harten Kanten (Gitter) war für Frieda genauso tabu wie alles, bei dem sie den Untergrund nicht sehen konnte (Brücken).

Angst, sich wehzutun oder irgendwo hineinzuplumpsen, ist das wohl, vielleicht auch Furcht vor einer unsichtbaren Gefahr, die da unten im Dunkeln lauert. Wer nur gelegentlich mit Hunden zu tun hat, kann sich kaum vorstellen, wie störrisch dieser beste aller Menschenfreunde sein kann. Wenn dann noch Ängste dazukommen, hat unsereins plötzlich ganz schlechte Karten. Frieda fährt dann ihre vier Pfoten wie Mini-Fahrwerke aus und krallt sich mehr oder weniger im Boden fest. In solchen Situationen dröhnen mir immer die ziemlich widersprüchlichen Anweisungen aus Welpenkurs und Hundeschule in den Ohren. Einerseits zeigen, wer der Chef ist, andererseits nicht mit Gewalt arbeiten. Ja, was denn nun?

Wie Sie sich lebhaft vorstellen können, haben wir Frieda mit unendlicher Geduld gut zugeredet und ihr (man ist sich ja für nichts zu blöd) das Rübergehen auch immer wieder ausführlich vorgemacht. Wenn gar nichts half, hieß es „Armi“, auch über jede Brücke und jeden Steg wurde sie getragen. Mit mir hat in meiner Kinderzeit nie jemand so was gemacht.

Höhe- oder Tiefpunkt (wie Sie wollen) war ein Besuch in einem Laden, dessen Eingang wegen Bauarbeiten auf ganzer Breite eine Metallrampe ausfüllte. Da wir voll bepackt waren und die Lütte nicht hochheben konnten, zog ich unser Hundemädchen kurzentschlossen mit einer freien Hand auf einer Fußmatte über das Hindernis. Frieda saß drauf wie eine Wellenreiterin, und die anderen Kunden guckten, als hätte sie es mit lauter Halbverrückten zu tun. Das ist jetzt alles (fast) vorbei. Meine Frieda geht flott ihren Weg durchs Leben.

VON MARDER BIS MEISE: FRIEDAS TIERISCHE EINDRÜCKE

Ein Ausflug ins Wendland brachte dem jungen Hund neue Erlebnisse – manche waren ganz schön verwirrend.

Die Bemühungen, Frieda ihre norddeutsche Heimat nahezubringen, verschlugen uns jetzt ins Wendland. Elbe, Alster, Nord- und Ostsee hat sie sich ja schon mal angeguckt (wir erinnern uns) und mit cooler Noblesse akzeptiert, nun also eine Art Urlaub auf dem Bauernhof.

Leider randalierte in der Ferien-Bruchbude nachts mindestens ein Marder im Dach, es könnte aber auch eine ganze, hyperaktive Familie gewesen sein. Die Viecher machten einen Radau, als wär oben ein ganzer Handwerkertrupp im Einsatz. Außerdem kreischen sie, wie ich jetzt weiß, dass unsereins gleich an mittelalterliche Hexenverbrennung denken muss. Noch schlimmer war, dass die gute Frieda ihr Rudel, das ja schutzlos im Bett lag, permanent gegen die nächtlichen Randalierer verteidigen wollte. Wütend bellte und knurrte sie, kratzte an den Wänden, rannte von einer Zimmerecke zur anderen. Primetime war von eins bis drei Uhr früh, kann aber auch länger gewesen sein. Irgendwann ist zumindest uns Menschen ja alles egal, und wir versinken in einem Dämmerzustand.

Frieda war morgens natürlich wieder putzmunter und aufgeschlossen für die kommenden Ereignisse. Ein paar Dörfer weiter, im idyllischen Lemgrabe, war am Sonntag Schafschurfest, und auch sonst versprach der dazugehörende Hof so einiges.

Es ist immer faszinierend zu beobachten, wie junge Hunde auf Tiere reagieren, die erkennbar keine Hunde sind. Kühe, Pferde, Schweine und Schafe hat Frieda in ihrem jungen Leben schon aus der Nähe gesehen – und unterschiedlich kommentiert. Während sie Kühe und Pferde auf Wiesen, auch im Wendland, aus sicherem Abstand munter anbellt, was immer wie eine freche Spielaufforderung wirkt, macht sie um diese Riesen in den jeweiligen Ställen stets einen großen Bogen. Der Zufall wollte es, dass auf dem Hof in Lemgrabe auch jede Menge alte Haustierrassen beheimatet sind, die wir Menschen so gut wie nie zu sehen bekommen – von knapp einjährigen Hunden gar nicht zu reden. Da es ja hier hauptsächlich um Frieda geht, will ich mich bei den Beschreibungen jetzt mal kurz fassen – nur ein Beispiel. Wirklich fasziniert schien mir Frieda von zwei Poitou-Eseln, die sich höchst zufrieden in einem Gatter als Rasenmäher betätigten. Diese vom Aussterben bedrohten Großesel sehen höchst merkwürdig aus: sehr hoch, mit zotteligem, ziemlich langem Fell und weißen Augenrändern. Bei Hagenbeck kann man die auch anschauen.

Ich will das jetzt hier nicht überinterpretieren, sondern einfach nur beschreiben, was ich sah. Frieda (natürlich angeleint) näherte sich dem Gatter, starrte diese seltsamen Tiere minutenlang mit gesenktem Kopf an – und reagierte ansonsten überhaupt nicht. Man soll unsere menschlichen Empfindungen und Verhaltensweisen ja bekanntlich nicht auf Hunde übertragen, auch wenn sich Halter das nie so ganz verkneifen können. Nehmen Sie es also bitte nicht allzu wörtlich, wenn ich jetzt feststelle: Es wirkte, als arbeitete der kleine Hundekopf fieberhaft und als könnte mein lieber Hund – das als Ergebnis – dieses Wesen überhaupt nicht zuordnen. Das Gleiche bei der Schafschur selbst, die ja schon auf manchen Menschen befremdlich wirken muss. Frieda sah, wie das dicke Schaf unter dem knatternden Schermesser innerhalb von Minuten immer dünner wurde und sich neben dem Tier ein Haufen Wolle auftürmte. Was sollte das nur bedeuten? Die Menschenwelt ist ja schon seltsam genug, aber wenn dann noch komische Tiere dazukommen …

Wieder zu Hause war die Sache dann eindeutiger: Im Mini-Gärtchen verscheuchte sie wie gehabt halbherzig ein paar Vögel und belauerte eine dicke Katze, die da ein paar Runden drehte. Als dann ein frisch geschlüpftes Meisenkind über den Rasen hüpfte, traute ich meinen Augen kaum: Frieda pirschte sich genau wie eine Katze an den Mini-Federball ran – tief auf dem Boden, halb im Gras versteckt und quasi auf Samtpfoten. Hier musste natürlich energisch Einhalt geboten werden, denn in der Brutzeit geht so etwas bei mir gar nicht. Auch wenn sich manche Katzenhalter nicht darum kümmern – für Frieda sind die Jung-Piepmätze absolut tabu. Die dürfen nicht mal angekläfft werden.

DAS LEBEN MIT FRIEDA – UND MIT DEN NETTEN LESERN

Seit genau einem Jahr gibt es die Hunde-Kolumne. Der Rückblick macht klar: Die Zeit verging wie im Flug.

Vor einem Jahr, am 7. Juni 2017, startete an dieser Stelle die Frieda-Kolumne. Immer wieder erreicht mich die Bitte, doch mal ein neues Foto von meinem „Dackel“ zu platzieren. Erstens ist Frieda kein Dackel, zweitens würde sich der Aufwand (noch) nicht lohnen. Sie sieht nämlich nach wie vor genauso aus wie ehedem.

Beim Durchlesen der bisher erschienenen Texte, die ja ein Stück weit ein Tagebuch über Frieda ersetzen, werden die ganzen Erlebnisse wieder lebendig, die hier schon mal Thema waren.

Unglaublich, was sich da alles ereignet hat – von Welpenspiel bis Hundestrand, von Friedas plattdeutscher Taufe bis zu diversen Tierarztbesuchen. Mal irrten wir ratlos durch den Tierfutterladen, mal ging's staunend über das Gelände der Hundemesse. Einmal erlebten wir die Supervision durch eine Hundetrainerin, und bei Cesar Millan war Herrchen auch. Das Verrückte daran ist, dass ich mich noch vor 13 Monaten nicht die Bohne (oder sagen wir mal: sehr wenig) für diese Dinge interessiert hatte und dass sie mittlerweile nun schon Bestandteile unseres Lebens sind.

Und auch daran lässt sich der Lauf der Zeit gut ablesen: In den ersten Monaten ging's noch um die Spaziergänge im Zeitlupentempo oder mit Trage-Intervallen, mittlerweile ist das Laufen ohne Leine selbstverständlich. Im Juni vor einem Jahr berichtete ich hier noch von den Gassigängen zu nachtschlafender Zeit, heute schläft Friedebutsch nicht selten neun Stunden durch. Vom ersten Herumtapsen im Garten zum Mitradeln im Fahrradkorb – eigentlich ging alles ganz schön schnell. Im vergangenen Sommer wurde Frieda auf der Hundewiese noch umgerempelt – nun tobt sie selbst mit und wehrt sich, wenn nötig, ziemlich energisch ihrer Haut.

Frieda ist ganz schön rumgekommen. Sie war unter anderem an Nord- und Ostsee, im Wendland und sogar in Bayern – was ihr eine fiese Zecke einbrachte. Mit Frieda durchs Jahr – da ging's mal um Ameisen und Gänseblümchen, dann um die Zeitumstellung, diesige Novemberabende und den ersten Schnee. Friedas Weihnachtsimpressionen wurden öffentlich gemacht – und auch ihre (möglichen) Vorsätze fürs neue Jahr. Von Anfang an wurde die Kolumne von viel Leserpost begleitet – mal als Brief oder Karte, mal als Mail. Vielen Dank für die Tipps und die moralische Unterstützung, danke auch für gelegentliche Kritik. Da Frieda und Herrchen als Gespann noch Anfänger sind, schlichen sich immer mal Ungenauigkeiten ein, die von den Lesern, meistens recht nachsichtig, korrigiert wurden. Ein Beispiel aus der jüngeren Zeit: Zu Friedas Geburtstag schrieb ich, dass sie als Vorletzte ihres Wurfs geboren wurde und wohl deshalb auch die zweitkleinste war. So hatte es die Züchterin zwar erzählt, aber eine Leserin erläuterte mir, dass man das so gar nicht sagen könne.

Hundebücher bekamen wir geschickt und auch mal etwas Leckerli (für Frieda). Besonders gefreut habe ich mich über zwei tolle Collagen von Leserin Karin B. Wenn die ehemalige Kunstlehrerin solche Arbeiten auch mit ihren Schülern gefertigt hat, muss die Schule ja riesigen Spaß gemacht haben. Die Bilder hängen hier jedenfalls an der Wand und werden oft bestaunt. Mehrfach ging es hier um die Frage, ob das Leben mit Hund nun anstrengender ist als das ohne. Die Antwort nach einem Jahr Frieda-Kolumne: Ja, aber auch schöner. Wiederholungen vermeide ich hier ja immer, aber einen Sinnspruch finde ich so schön, dass er hier jetzt zum zweiten Mal zitiert wird: Hunde füllen eine Lücke, von der man gar nicht wusste, dass sie existierte.

WIRD FRIEDA UNS IN DER HUNDEPENSION VERMISSEN?

Zum ersten Mal mussten wir die Kleine „bei Fremden" zurücklassen. Es wurde ein bemerkenswertes Erlebnis.

Beim morgendlichen Spaziergang kommen wir oft an einer Grundschule vorbei. Gelegentlich warten Busse vor dem Eingang – und dann ist klar: Mindestens eine Klassenreise steht auf dem Programm. Manchmal haben Frieda und ich dem munteren Treiben schon kurz zugeguckt, das ja einen ganz eigenen Reiz hat. Vorfreude und Aufgeregtheit sind mit Händen zu greifen, sogar unbeteiligte Passanten und ihre Hunde lassen sich davon anstecken.

Alle wuseln durcheinander, und die Kleinen schnattern mindestens so viel wie die Eltern. Die Kinder sitzen oft schon auf den Plätzen, da werden immer noch Fragen und Anweisungen gegen die dunklen Scheiben gerufen: „Zieh abends die Jacke an", „Hast du die Trinkflasche?", „Schreib mal an Oma" – und Ähnliches mehr. Man fragt sich, wer eigentlich aufgewühlter ist: die im Bus, oder die davor?

Sie fragen sich vermutlich nicht, was diese interessanten Betrachtungen mit Frieda zu tun haben, denn oben steht ja schon, worum es heute geht. Bislang war mein lieber Hund ja bei zig Ausflügen und Kurzurlauben dabei (wir erinnern uns lebhaft), und einmal wurde sie zwei Wochen lang von ihren menschlichen Stiefgeschwistern betreut, als die „Eltern" weit weg waren.

Irgendwann wurde dann klar, dass das nicht ewig so weitergehen würde. Nicht überall kann Frieda dabei sein, und nicht immer lässt sich eine Betreuung problemlos organisieren. Eine Übernachtung auswärts zeichnete sich schon länger ab, nun also galt es, ein gutes Plätzchen zu finden.

Hundepensionen fand ich früher, also in der Vor-Frieda-Zeit, ungefähr so interessant wie Tierarztpraxen und Hundestrände. Ich stellte sie mir so vor wie ein kleines Tierheim, sah große, von dauerndem Gebell erfüllte Räume mit Gitterboxen vor meinem geistigen Auge – mehr auch nicht.

Nach einigen Vor-Checks stießen wir schließlich durch Empfehlungen auf eine Hundepension außerhalb Hamburgs. Lassen Sie mich da bitte mal etwas allgemein bleiben, weil ich hier natürlich keine Werbung machen kann. Was wir bei den ersten Besuchen sahen, war (wieder mal) erstaunlich. Das Ganze hier in Kurzform, bevor ich mich in zu vielen Schwärmereien verliere: Nur acht Hunde werden hier gleichzeitig aufgenommen.

Jeder hat einen kleinen Raum mit Durchgang in den Garten für sich alleine. Schöne Fototapeten (Landschaften) hängen an den Wänden, im Flur spielt leise ein Radio. Draußen ein wahres Hundeparadies mit Sandkiste, Kletterwällen und kleinem Teich. Wäre ich ein junger Hund, würde ich mich hier vermutlich (Achtung: Wortspiel) pudelwohl fühlen.

Ähnlich wie ein Menschenkind blieb Frieda zunächst stundenweise zur Probe da, dann wurde es am vergangenen Wochenende ernst: anderthalb Tage mit Übernachtung. Wirklich behaglich fühlten wir uns nicht, als der Abschied kam. Die netten Hundehüter hörten sich unsere runtergeratterten Ratschläge und die „wichtigen" Informationen rund um Hundemädchen Frieda geduldig und wohl auch etwas amüsiert an. „Wir machen das schon", war eigentlich ihre einzige Reaktion.

Als sich das eiserne (!) Gittertor zwischen uns und Friedebutsch schloss und wir uns davonmachten, kläffte sie natürlich lange und aufgeregt und versuchte, irgendwie mitzukommen. Das war nun nicht gerade herzzerreißend, aber man kann sich auch nettere Momente vorstellen. Doch wie beim Klassenreisen-Kind mussten da alle durch – Frieda und eben auch ihr Rudel.

Am Abend kamen dann – und auch das gehört auf Wunsch mittlerweile zum Service – ein paar gesimste Filmchen und Fotos von Friedas Tag in der Fremde. Frieda schlafend im Sand, Frieda beim Toben mit den anderen Hunden, Frieda fressend (begeistert). Beim Abholen freute sie sich zwar, aber so richtig schnell konnte sie sich auch nicht von ihren Gastgebern trennen. Grund zur Eifersucht? Noch nicht.

WIE FRIEDA TONI KROOS ZU SEINEM TRAUMTOR VERHALF

Als Maskottchen war der junge Hund beim Spiel Deutschland – Schweden mit dabei. Und es klappte tatsächlich.

Falls Sie Hundehalter(in) und berufstätig sind, können Sie es jetzt gerne zugeben: Dass am vergangenen Freitag der internationale „Nimm-deinen-Hund-mit-zur-Arbeit-Tag“ war, haben Sie vergessen, stimmt's?! Na ja, schon verständlich. Aktuell beschäftigt uns ja vor allem das Thema Fußball – und da dürfen unsere besten Freunde natürlich nicht fehlen.

Es fing damit an, dass ich am vergangenen Wochenende bei der Messe Home & Garden mit der netten Frau Müller sprach. Die hat einen Laden für Tierfutter und allerlei Equipment, der ganz aktuell auf die WM eingestellt ist. Kaum zu glauben, was die Dame mir da präsentierte: Leinen, Halsbänder und Schals (Loops) mit schwarz-rot-goldenen Elementen. Oder auch das: WM-Kekse für den Hund, die – kein Scherz – „Deutschländerchen“ heißen. Na, wenn unsere Hunde so ausstaffiert werden, kann man nicht mehr ernsthaft am Meistertitel zweifeln – oder?

Für mein Frieda-Mädchen habe ich zwar nichts davon erstanden, aber bei dem spektakulären Spiel am Sonnabend war sie dabei. Frieda liebt Bällchen zwar eher beim Kicken im Park als auf der Mattscheibe, aber sie hatte an diesem denkwürdigen Tag eine wichtige Funktion – nämlich als Maskottchen.

Als treue Leser wissen Sie ja, dass mein lieber Hund fast überall mit dabei sein darf, deshalb gebe ich jetzt unumwunden zu: Beim Fußball spielt sie nur die zweite Geige und rangiert unter ferner liefen. Das ist ja wohl menschlich.

Herrchen guckt seit Jahrzehnten mit derselben Clique die wichtigsten WM-Spiele bei einem Kumpel in einer Altbauwohnung, die für diese Zwecke drastisch umgestaltet wird. Im Grunde besteht das Wohnzimmer nur noch aus einem Beamer plus Leinwand, unzähligen Sitzmöbeln, ungesunden Speisen und Getränken. Da es dabei immer ziemlich rund geht, verbrachte Frieda die meiste Zeit der 90 Minuten in einem Nebenzimmer, wo sie dösen oder auch mit lieben Kindern spielen konnte, die sich nicht für Fußball, aber sehr für Hunde interessieren. Ganz am Anfang war sie noch dabei, hörte die Hymnen und sah die Spieler auf der Leinwand in Großaufnahme. Ich hatte gedacht, dass sie wegen des Namens vor allem auf – Achtung, jetzt kommt der Kalauer des Jahres – Hector abfahren würde, aber der war ihr schnuppe. Sie kläffte nur Neuer kurz kräftig an – vielleicht erkannte sie in ihm den Rudelführer. Wie es dann in den nächsten 94 Spielminuten weiterging, wissen Sie ja alle. Hatte meine Frieda als Maskottchen kläglich versagt?

Wir alle fühlten uns hundeelend, und Hunde merken ja bekanntlich sehr oft, wenn sich bei ihren liebsten Menschen Kummer aufbaut. Jedenfalls geschah dann etwas sehr Seltsames. Kroos legte sich in der 95. Minute gerade den Ball für seinen mittlerweile legendären Freistoß zurecht, als Frieda energisch ins Zimmer marschierte. Sie blieb wie angewurzelt stehen und starrte intensiv auf die Leinwand. Ich sah das aus verständlichen Gründen zwar nur ganz kurz aus dem Augenwinkel, aber sie schien sich enorm zu konzentrieren, und eine knisternde Spannung entwickelte sich in Richtung Beamer. Der Rest ist bekannt, das 2 : 1 – für viele immer noch eine Art Wunder. Der Ruhm gebührt Kroos und Reus, da gibt es gar nichts zu relativieren. Aber Frieda hat geholfen. Beweisen Sie mir mal das Gegenteil. Jedenfalls hat das Wort Hundeflüsterin seitdem eine ganz neue Bedeutung. Ohrenbetäubender Jubel, Abgang Frieda.

Der Abend endete dann mit ziemlich turbulenten Szenen, ich erinnere mich zum Beispiel, dass Frieda kläffend und herumspringend eine Art Polonaise durch die Wohnung mitmachte. Bevor Sie mich jetzt der Tierquälerei bezichtigen: Natürlich ging es danach ordnungsgemäß nach Hause, und ein netter, ausführlicher Abendspaziergang zur allgemeinen Nervenberuhigung war auch noch drin. Ihre Funktion als Glücksbringer hat sie jedenfalls erfüllt. Klar, dass sie noch ein paarmal mit dabei sein wird.

Und mal sehen: Vielleicht kauf ich ihr doch noch einen Fußballschal.

WARUM FRIEDA DAS WM-AUS NICHT VERHINDERT HAT

Eine letzte Betrachtung zum Thema Fußball. Außerdem: Sind Hunde- und Katzenhalter so verschieden?

Eigentlich wollte ich hier zum Thema Fußball nichts mehr schreiben. Andere können das besser, und über das Aus der deutschen Mannschaft ist ja nun wirklich mehr als genug berichtet worden. So ganz kann ich das Thema heute aber auch nicht aussparen. Denn in der vergangenen Woche hatte ich Ihnen ja nachvollziehbar vermittelt, dass Frieda Toni Kroos beim Spiel gegen Schweden durch Telepathie unterstützte, und nun haben wir den Ärger.

„Was war mit Frieda los, warum hat sie nicht geholfen?", wollten nun dieselben wissen, die sie gerade noch für ihren Einsatz gelobt hatten. Tja, Leute, ich weiß es doch auch nicht. Ich kann mir das nur so erklären, dass Frieda mit ihrem siebten Sinn (oder vielleicht auch mit dem achten oder neunten) gespürt hat, dass sich die deutsche Mannschaft den Sieg nach der Halbzeit selbst nicht mehr zutraute. Sie hat die Elf sozusagen nur aufgegeben, weil die sich selbst schon aufgegeben hatte. Das war es vermutlich auch, was die Spieler mit dem ewigen „Ich weiß auch nicht, woran's gelegen hat" in Wirklichkeit meinten.

Die erste Halbzeit – auch das gehört zur Wahrheit – hat die Lütte übrigens komplett verschlafen, obwohl sie wieder bei der fußballverrückten Clique in dem ausgeräumten Zimmer als Maskottchen mit dabei war. Diese monotonen Angriffe, immer über rechts, müssen sie ermüdet haben, und Jubelschreie konnten sie mangels Anlässen ja auch nicht aufwecken. Still und apathisch – so wie ihre menschlichen Gefährten – ließ Frieda das bittere Ende auf sich zulaufen.

Hinterher hat sie Jogi Löw einmal kräftig angebellt, als der auf der Mattscheibe erschien, aber das hat ihn ja, wie wir jetzt wissen, nicht aus dem Amt getrieben. Nur eine Reaktion der guten Frieda kann ich noch vermelden. Als Oliver Bierhoff auf dem Bildschirm berichtete: „Wir wollten Südkorea müde spielen, aber es hat nicht sein sollen", rollte sie plötzlich so merkwürdig auf dem Fußboden herum und gab dabei glucksende Geräusche von sich.

Ein Lachanfall? Sicher nicht, denn wir sind uns ja hier alle einig, dass sie den Sinn dieser Worte gar nicht verstanden haben kann. Das muss also Zufall gewesen sein. Ich selbst musste in dem Moment an einen alten Pekinesen (ja, die gibt's noch) denken, der immer in meiner Nachbarschaft herumtapst. Wenn der sich mal vornehmen würde, Frieda „müde zu laufen", wäre das ähnlich erfolgversprechend.

Aber lassen wir das und kommen – ausnahmsweise mal übergangslos – zum nächsten Thema. Kürzlich hatte ich hier mal geschrieben, dass Frieda sich an ein Blaumeisen-Kind ranpirschte und mir dabei wie eine Katze vorkam. Das löste eine lebhafte Diskussion im weitläufigen Bekanntenkreis aus, die sich darum drehte, warum es bei der Haustierwahl so oft Hund oder Katze heißt, aber nur wenige Menschen sich für Hund entscheiden.

Hunde behalten auch stets ihren eigenen Kopf.

Psychologen und sonstige Experten haben sich (natürlich) mit dem Thema beschäftigt und sind zu dem Ergebnis gekommen, dass Hundefans ganz anders ticken als begeisterte Katzenhalter. Die einen sind angeblich gesellig (Hund), die anderen eher reservierte Intellektuelle (Katze). Kann man alles nachlesen – muss man aber nicht glauben.

Auch Sie kennen ja sicherlich viele Menschen, auf die das jeweilige Gegenteil genauso zutrifft. Nehmen Sie mal den Katzenfan Hemingway. Der war ein Draufgänger und viermal verheiratet. Pudelbesitzer Schopenhauer? Ein Eigenbrötler. Auch die Behauptung, Hundehalter könnten mit Eigensinn und Unabhängigkeitsstreben von Katzen nichts anfangen, finde ich nicht zutreffend. Hunde lassen sich zwar einiges vorschreiben, behalten aber auch stets ihren eigenen Kopf und bleiben letztlich auch immer die Miniwölfe, die sie sind.

Warum es damals nun Hündin Frieda wurde und keine Katze Frieda? Katzen finde ich auch toll, aber mit Hunden kann man mehr unternehmen. Außerdem schätze ich auch Singvögel sehr und kann nicht leiden, wie Katzen mit ihnen umspringen. Dass sie dabei nur ihrem Instinkt folgen und die Halter letztlich selbst schuld sind, wenn sie ihre Katzen während der Brutzeit ins Freie lassen, ist mir natürlich klar. So oder so: Frieda, die sich hier gerade in der Sonne rekelt wie eine Katze, ist, wie und was sie ist. Und das ist auch gut so.

WARUM FRIEDA JETZT EINEN BODY TRAGEN MUSS

Das Hundemädchen hat die Kastration gut überstanden. Ein Wurf junger Friedas ist nun ausgeschlossen.

Der Wunsch, Ihnen Neues von Frieda zu berichten, lässt mich in die Tasten hauen. Dabei müsste ich meinem lieben Hund jetzt eigentlich die Pfote halten. Na ja, Daumen drücken, dass alles gut geht, reicht ja auch.

Vor ein paar Stunden wurde Friedebutsch kastriert – der erste (und hoffentlich letzte) größere Eingriff ihres Hundelebens. Mit hingebracht zur Tierärztin habe ich sie ja noch, dann verließ mich leider die Freizeit. Die Schilderungen der mit dabei gebliebenen Familienmitglieder und deren Handyfotos vom Beginn der OP müssen ausreichen, um mir und Ihnen den Ablauf zu verdeutlichen.

Frieda wurde betäubt, sodass ihr die Zunge erst mal unwiderruflich aus dem kleinen Maul hing. Steif, fast ausgestopft soll sie gewirkt haben, die Augen wurden ganz glasig. Auf dem nächsten Foto sieht sie ziemlich gefesselt aus – wie auf einer Streckbank. Der Eingriff selbst ging wohl ziemlich schnell, aber da war nur noch das kleine OP-Team im Raum. Friedalein kam anschließend in eine „Aufwachbox" und blieb, wie ein menschlicher Patient, noch eine Weile „unter Beobachtung". Dann wurde sie nach Hause kutschiert, wo ich ihr eben einen kurzen Besuch abstattete.

Ganz drömelig, wie die Hamburger sagen, guckte sie mich aus ihrem Körbchen heraus an – aber eigentlich auch schon wieder recht unternehmungslustig. Mit Antibiotika und Schmerzmittel ist sie auch versorgt. Sehr gut.

Weniger gefällt mir, dass sie jetzt eine Weile einen türkisfarbenen (!) sogenannten Body tragen muss, der sich ziemlich eng um ihren kleinen Leib wickelt. Der wurde ihr angezogen, damit sie nicht an die OP-Wunde kommen kann. Als Alternativen gibt es diese tütenartigen Kragen, die Hunde um den Kopf tragen müssen – auch nicht gerade ein Traum. Ach ja: Eine stattliche Rechnung wurde mir auch noch präsentiert. Obendrüber steht übrigens tatsächlich: „Name des Patienten: Frieda".

Zum Eingriff selbst hier zunächst ein ganz kurzer, lehrreicher Exkurs: Bei der Kastration werden der Hündin Eierstöcke und Gebärmutter entfernt, bei der Sterilisation lediglich die Eileiter durchtrennt.

Wie immer gibt es in den Ratgebern unterschiedliche Ansichten darüber, was nun zu bevorzugen sei, aber insgesamt sprechen sich schon ziemlich viele Experten für die Kastration aus. Neben medizinischen Aspekten haben wir uns vor allem dafür entschieden, weil wir gut und gerne auf einen Wurf Mini-Friedas verzichten möchten. Und das kann ja wahnsinnig schnell gehen. Hinter der läufigen Frieda sind die Hundejungs her wie der Teufel hinter der lieben Seele. Hätte nie gedacht, in welcher Entfernung die schon Witterung aufnehmen können und was sie dann alles anstellen, um zum Ziel zu kommen.

In diesem Zusammenhang fällt mir ein, wie ich als unbedarftes Stadtkind oft auf einem Bauernhof Ferien machte. Die rustikale Dorfjugend raunte mir dann immer schlimme Geschichten zu, was der Bauer oder die Magd angeblich gerade mit einem Wurf junger Hunde oder Katzen angestellt hatte. Wollten die meine Nervenstärke testen? Wenn davon nur die Hälfte gestimmt hat, wär's auch schon schlimm genug. Dagegen ist so eine OP zum richtigen Zeitpunkt doch deutlich erfreulicher. Lange Rede, kurzer Sinn: Einen zweiten Hund im Haus könnte ich mir noch ganz gut vorstellen, aber bitte keine ganze Familie.

Bleibt die Frage, ob sich Frieda durch den Eingriff verändern wird. Früher wurde ja immer behauptet, die Tiere würden ruhiger, fauler, auch fülliger. In meinem dank Frieda immer größer werdenden Bekanntenkreis habe ich mich vorab ausführlich umgehört – und von den diversen Haltern nichts Derartiges bestätigt bekommen. Auch in den vielen Foren und Büchern zum Thema ist davon keine Rede.

Ich werde die weitere Entwicklung jetzt genauestens beobachten und Sie natürlich auf dem Laufenden halten. Und sollte Frieda nun tatsächlich wider Erwarten etwas Speck ansetzen oder nicht mehr so rasant durch die Gegend flitzen, bliebe sie für uns natürlich trotzdem derselbe tolle Hund.

So, Schluss an dieser Stelle. Ich muss schnell an Friedas Körbchen eilen. Ich kann ihr ja etwas Nettes vorlesen

PATIENTIN FRIEDA ERHOLT SICH NUR LANGSAM

Die Operation hat dem Hundemädchen zugesetzt.

Nach ein paar mühsamen Tagen geht es jetzt kräftig bergauf. Langsamer als erwartet hat sich die sonst so quirlige Frieda von ihrer Operation erholt. Vor allem die ersten zwei Tage setzten ihr noch ganz schön zu. Am vergangenen Mittwoch verbrachte Herrchen fast den ganzen Tag neben der Rekonvaleszentin, deren tiefer Schlaf immer wieder von Zitterattacken durchzuckt wurde. Schnell noch eine Decke über den ohnehin schon warmen Korb – und hoffen, dass es bald besser gehen würde. Nachts gab es dann auch ein paar Wehklage-Phasen, in denen Frieda – so gehört sich das nun mal – natürlich mit Streicheleinheiten und kleinen Rundgängen getröstet wurde.

Ein paar aufmunternde Mails erreichten uns nach der letzten Kolumne, die ich Frieda selbstverständlich vortrug. Aber es gab auch Kritik an der Kastration, von deren Sinn manche hundehaltende Leser offenbar gar nicht überzeugt sind. Nachdenklich geworden, beschäftigte ich mich noch mal mit all den Infos zum Thema, die wir vorab zusammengetragen hatten. Ergebnis: Ich finde es nach wie vor die richtige Entscheidung, muss aber zugeben, dass die Hündinnen den Eingriff erst mal ziemlich schwer wegstecken. Fressen konnte Friedebutsch nur langsam, und leider (ich erspare Ihnen hier auch wirklich nichts) erbrach sie sich hinterher dann auch gleich mehrmals. Merkwürdigerweise suchte sie sich dafür ausgerechnet immer das einzige Teppichstück weit und breit aus. Die Hunde aus dem Bekanntenkreis machen es übrigens genauso, wie ich als gelegentlicher Hundesitter wenig erfreut und schwer beschäftigt immer mal wieder feststellen konnte. Erleichtert der flauschige Untergrund den Tieren das Würgen? Na ja, auch egal. Solche Kollateralschäden sind ja schnell behoben.

Schließlich war der Mensch im Hundehalter voll und ganz gefordert: Neben dem Fressnapf sitzend, fütterten wir das tapfere Friedalein alle paar Stunden mit Schonkost (!), in die – den Anweisungen der Tierärztin entsprechend – ein paar Tropfen Schmerzmittel und ein kleines Antibiotikum gemixt waren. Was mich sehr an kranke Menschenkinder erinnerte, war die Mischung aus Abwehr- und Anlehnungsbedürfnis. Tätschel- und Streichelversuchen wich Frieda dauernd aus, aber wenn ihre zwei „Hauptmenschen“ nicht gleichzeitig im Zimmer waren, versuchte sie immer mühsam, ihr Minirudel wieder zusammenzuholen.

Blöderweise war bei der Untersuchung vorab auch noch festgestellt worden, dass sich Friedebutsch bei der Toberei auf einem weitgehend abgemähten Getreidefeld eine Granne ins Ohr gerammt hatte. Das ist, wie mir das Internet mitteilte, ein „borsten- oder fadenförmiger, gewöhnlich etwas starrer Fortsatz eines Pflanzenorgans“. Wie auch immer. Das Ding hatte ihr Trommelfell verletzt und wurde – als sie im Tiefschlaf lag – gleich mit entfernt. Ergebnis war, dass Frieda am dritten Tag nicht nur wie ein Seemann auf Landgang durch den Minigarten wankte, sondern das kränkelnde Ohr dabei auch noch dauernd in Richtung Erde ausschüttelte. Wenn sie uns nicht so leidgetan hätte, wäre dieser Slapstick-Auftritt direkt zum Grinsen gewesen, aber davon kann natürlich keine Rede sein.

Jetzt geht's ihr wieder prima, wäre da nicht dieser enervierende hautenge Body. Den muss sie ja, wie berichtet, seit der Operation tragen. Auf diese Weise kann sie nicht an der Wunde herumschlabbern, die zusätzlich gegen Verletzungsgefahren geschützt ist und schön zusammengedrückt wird. So viel zum Positiven. Wahr ist aber auch, dass dieser Mini-Neopren-Anzug den armen Hund unendlich nervt. Vermutlich juckt die verheilende Wunde ganz schön, hinzu kommt die permanente

Wärme dieser Tage. Frieda schüttelt sich verständlicherweise dauernd und bildet, während sie vorwärtsstrebt, oft einen kleinen Kreis mit ihrem Körper. Während Sie diese Zeilen lesen, kommt Land in Sicht: Am heutigen Mittwoch wird das Teil von der Tierärztin aufgeschnitten und in den Müll geschleudert – wenn nicht von ihr, dann von mir persönlich. Versprochen, Frieda: So was bekommst du nie wieder angezogen.

So oder so, deutlich wurde: Frieda, diese mit Hamburger Wasser getaufte Hamburger Deern, lässt sich so leicht nicht unterkriegen.

GESUCHT UND GEFUNDEN – FAST EIN SOMMERMÄRCHEN

Wie ein verlorener Autoschlüssel Menschen und Tiere zusammenführte und auch noch gute Laune machte.

In diesen hochsommerlichen Zeiten sind Mensch und Tier ja eigentlich immer gut drauf – zumindest wenn sie genug Wasser haben.

Überall in Wald und Flur springen vergnügte, hyperaktive Hundehalter herum, die ihren Tieren bereitwillig zu dunklen, moosigen Hainen und plätschernden Quellen folgen. Die Hunde kommen mir trotz gelegentlicher Hitzeattacken auch recht munter vor. An Alster, Elbe und in den Biergärten sollen sie angeblich schon dauernd die besten Schattenplätze besetzt halten – und energisch verteidigen. Ich werde das Gefühl nicht los, dass allen noch die Erinnerung an den „Sommer" 2017 in den Knochen steckt und sie diese Tage jetzt deshalb besonders genießen.

Ungewöhnliche Dinge spielen sich ab – hier zum Einstieg eine Anekdote aus der vergangenen Woche.

An der Hundewiese unserer Wahl trafen Frieda und ich auf einen kleinen Menschen-Hunde-Auflauf. Zentrum war eine aufgeregte Dame, die beim Toben mit dem Vierbeiner ihren Autoschlüssel verloren hatte. Die Geschichte, die sie erzählte, kam mir ziemlich bekannt vor: Der Schlüssel war der letzte, den sie überhaupt noch hatte, alle anderen waren verlegt, verliehen, verschollen. Zigmal wollte sie schon neue anfertigen lassen, war aber nie dazu gekommen, nun also diese Misere. Ein wichtiger Termin stand am Nachmittag auch noch an, Tränen sammelten sich in ihren Augen.

Menschen und Tiere ließen sich bereitwillig zur Suche einteilen, ist doch Ehrensache. Frieda zerrte mich energisch zu einem Rhododendron in der Nähe – das wirkte vielversprechend. Dann grub sie unter lautem Gekläffe ein Loch und legte sich erschöpft in den Schatten. Hm, das müssen wir wohl noch mal üben.

Irgendwann tauchte ein Mann, ebenfalls Hundehalter, laut rufend in der Nähe auf. Der Schlüssel war gefunden, Happy End. Die verhinderte Autofahrerin stürmte auf den Finder los, ihre zwei Hunde kläfften begeistert.

Wer nun einen hanseatisch zurückhaltenden Dank erwartet hatte („Junger Mann, ich stehe in Ihrer Schuld“), sah sich getäuscht. „Wie heißt du?“, wollte sie wissen. Er: „Äh, Benjamin.“ Sie: „Benjamin, du bist so toll. Kann ich dich umarmen?“ Er: „Ja, klar.“ Nachdem das geschehen war, wandte sich die Dame an die Gruppe der Suchenden – und drehte richtig auf. „Das ist es doch, Leute. Das hier. Wir. Das ist, was wirklich wichtig ist. Oh, Mann, ich bin so happy, ich könnte heulen. Es ist so einfach, glücklich zu sein, versteht ihr. Nicht die Kohle zählt, lasst euch das bloß nicht immer erzählen.“

Da kam wohl einiges zusammen: Schlüssel wieder da, Wetter gut, Park schön, hilfsbereite Menschen (und Tiere). Viele hätten sich wohl ähnlich gefreut, wenige es so deutlich gezeigt.

Alle versammelten Frauchen, Herrchen und die ganze Hundeschar guckten zunächst verdutzt, Frieda spitzte die Ohren und saß ganz still. Dann folgte allgemeine Zustimmung, Give me five, angedeutete Umarmungen – das ganze Programm. Ein paar Hundeleinen verwickelten sich zum Abschied (welche Symbolik!), dann zogen alle ihrer Wege. Auch Frieda wirkte gut gelaunt, so nach dem Motto: Menschen sind zwar oft komisch, aber auch tierisch nett. In Wirklichkeit dachte sie vermutlich nur an ihre nächste Portion Fressi.

Diese wahre Anekdote hat mir noch tagelang gute Laune bereitet; klar, dass ich sie mit Ihnen teilen musste. Dabei hatte ich für heute eigentlich ein ganz anderes Thema überlegt, das wir nun in die kommende Woche verschieben müssen. Nur so viel vorab: Mich hat immer schon interessiert, warum es manche Hundehalter nicht bei einem Tier bewenden lassen, sondern sich zwei oder sogar drei zulegen. Die gute Frieda ist für uns ja mittlerweile unverzichtbar, aber gleich mehrere von ihrer Sorte? Ich weiß nicht. Dazu habe ich in den vergangenen Wochen eine nicht repräsentative Umfrage gemacht – also einfach ein paar Leute angesprochen und deren Motive gesammelt.

Mittlerweile ist es ja doch ganz schön heiß geworden. Mensch und Tier müssen jetzt dringend etwas trinken – und sämtliche Aktivitäten erst mal einstellen.

GLÜCK IM DOPPELPACK? WENN EINER NICHT GENUG IST

Es gibt zig Gründe, warum sich Menschen einen zweiten Hund zulegen. Leichter wird es danach nicht immer.

Na toll. Ein paar Stunden lässt man mal einen Menschen seines Vertrauens auf die gute Frieda aufpassen, schon geschieht ein Malheur. „Sooo brav hat sie die ganze Milch aufgeschlabbert“, erfuhren wir nach unserer Rückkehr, dabei ist Laktose für Hunde überhaupt nicht geeignet. Der durchschlagende Erfolg ließ dann auch nicht lange auf sich warten.

Details erspare ich Ihnen hier mal, aber alleine in der Nacht von Sonntag auf Montag kratzte die gute Frieda zu drei verschiedenen Uhrzeiten (und Schlafphasen) energisch an der Haustür, um dringend nach draußen gelassen zu werden. Und das auch noch pünktlich jedes Mal genau dann, als unsereins bei dieser drückenden Wärme gerade endlich eingedöst war.

Inzwischen ist alles wieder gut, also Schluss damit. Und nie wieder Milch für Friedebutsch.

Heute geht's, wie angekündigt, ja auch um ein ganz anderes Thema. Zig nette Menschen mit zwei oder drei Hunden habe ich gefragt, warum sie es nicht bei einer oder einem belassen wollten. Im Schnelldurchlauf hier die häufigsten Motive. 1.: Hund war oft alleine zu Hause, hat jetzt einen Kumpel. 2.: Halter waren so begeistert von ihrem Tier, dass sie ihr Glück verdoppeln wollten – so wie beim zweiten Kind. 3.: Die Hunde sind Geschwister aus einem Wurf. Die Halter konnten sich nicht für einen entscheiden oder wollten die Tiere nicht trennen, also behielten sie beide. Auch das kennt man ja von Kindern (kleiner Scherz).

Erstaunlich viele Halter ließen sich – und hier sind wir bei Punkt 4 – einen zweiten Hund auch mehr oder weniger aufdrängen, wenn irgendwelche Freunde oder Bekannte sich damit überfordert fühlten, umziehen mussten oder einfach keine Lust mehr auf das Tier hatten. Sollten Sie, geschätzte Leser, partout keinen zweiten Hund wollen, müssen Sie jetzt gut aufpassen. Das Ganze fängt harmlos an. Erst wird einem der vierbeinige Hausgast für ein paar Wochenenden überlassen, dann länger, zum Beispiel für die Ferienzeit.

Irgendwann heißt es dann, dass sich die beiden doch so toll verstehen, man sie eigentlich gar nicht mehr trennen sollte. Steigerung: „Samy (Name geändert) hat neulich stundenlang gejault, nachdem ich ihn bei euch abgeholt hatte." Und schon ist man eingelullt – und stolze(r) Halter(in) eines lustigen Duos.

Ob sich das häusliche Glück mit mehreren Hunden dann schließlich wirklich verdoppelt oder sogar verdreifacht, muss jeder selber erleben. Fakt ist aber, dass sich die Kosten potenzieren – und oft auch die Arbeit. Letzteres trifft vor allem zu, wenn die Tiere nicht von Anfang an im selben Haushalt aufwachsen.

Man kann in den Ratgebern eine Menge darüber lesen, wie aufwendig es sein kann, Hunde als künftige gemeinsame Hausgenossen zusammenzuführen, und worauf man dabei achten muss. Auch Hundetrainer helfen gerne mit Infos weiter. Was viele nicht ahnen, erläuterte mir Halterin Claudia (Name nicht geändert): Oft fangen die Kämpfe ums Revier und um Frauchens Sympathie nämlich erst nach längerer Zeit an, dann nämlich, wenn der „Althund" merkt, dass der scheinbare Kurzbesucher gar nicht wieder verschwinden wird. Stellen Sie sich mal vor, der dicke Nachbarsjunge, der Ihnen beim Kindergeburtstag damals immer alles weggefuttert hat, wäre plötzlich für immer geblieben.

So oder ähnlich muss sich das für manchen armen Hund anfühlen. Bei Claudias Hundeduo endete das Ganze jedenfalls mit Bissen (die Hunde), Tränen (sie) – und der Trennung von einem der zwei. Eine Lösung kann das Modell „Pflegehund auf Probe“ sein, bei dem der neue Vierbeiner von einer Tierschutzorganisation erst mal für eine begrenzte Zeit in den Haushalt gegeben wird. Läuft alles gut, kann er bleiben. Können sich die Hunde einfach nicht riechen, wird für den Gast ein passenderes Zuhause gesucht.

Bleibt die Frage, ob ich mir auch noch einen zweiten Hund vorstellen könnte. Antwort: Unbedingt ja, auch wenn Frieda natürlich einmalig ist und immer bleiben wird. Wir wollen aber noch ein paar Jährchen damit warten. Fürs Erste gibt es mit Jung-Frieda noch genug zu lernen – und nach knapp einem Jahr sind wir ja letztlich immer noch blutige Anfänger.

FRIEDA IST UNS LIEB – UND ZIEMLICH TEUER

Sprechen wir über die Kosten, die ein Hund mit sich bringt: Chippen, Impfen, Hundeschule, Fressi. Das läppert sich ganz schön. Na und?

Hamburg. Ein Freund klagte mir neulich mal die Ohren voll. Es ging um die hohen Kosten, die ihm seine Tochter, mittlerweile Studentin, in den vergangenen Jahren beschert hat und aktuell noch beschert. Sie wissen schon: Kleidung, Auslandsaufenthalte, Sportvereine, Führerschein und so weiter. Er hatte das mal ausgerechnet und dabei festgestellt, dass er sich von demselben Geld längst eine veritable Eigentumswohnung hätte kaufen können. So richtig unglücklich war er in Wahrheit natürlich gar nicht, denn was wiegt schon eine schnöde Wohnung gegen eine tolle Tochter. Schon klar.

Nachdenklich hat mich das Ganze aber schon gemacht, oder eher: neugierig. Die gute Frieda ist uns lieb, aber eben auch teuer. Wie teuer genau, hatte ich noch nie ausgerechnet. „Was kostet euer Hund denn so?“, werden wir in der Kaufmannsstadt Hamburg recht oft gefragt, die Antwort fiel bisher stets sehr vage aus. Ich schnappte mir also den Frieda-Ordner und ging alle Rechnungen noch mal durch. Das Ergebnis ließ mich nun nicht gerade erbleichen, aber wie man so schön sagt: Es läppert sich. Bevor Sie nun gleich mit gezückten Taschenrechnern die nachfolgenden Beispiele durchlesen, ein kurzer Hinweis: Die Zahlen sind alle echt, die Rechnungen wurden so beglichen (hoffe ich jedenfalls). Mag sein, dass die eine hier deutlich mehr, der andere dort deutlich weniger bezahlen musste. Ändern kann ich das auch nicht. Alles steht hier ohne Gewähr, wie die Lottozahlen, und Rechtsansprüche lassen sich daraus auch nicht ableiten. Also:

Knapp über 1000 Euro hat der Welpe Frieda uns damals gekostet, den wir ja extra – Sie erinnern sich – in Süddeutschland abholen mussten. Dazu gab's dann ein bisschen Krimskrams „on top", zum Beispiel eine Decke, ein Gummitier, ein dünnes Infobuch und jede Menge Werbung – alles längst im Müll gelandet. Friedas erste Impfung kostete 81 Euro, die zweite 54, wobei bei solchen Tierarzt-Terminen immer auch gleich noch andere Checks mit erledigt werden. Gechippt wurde sie selbstverständlich auch – für 40 Euro. Teuer war neulich die Kastration, allerdings kamen da ja noch die kleine Ohr-OP, Nägelschneiden und einiges mehr hinzu. Gesamtkosten: 650 Euro.

Bei den Hundeschulen sind die Preise sehr unterschiedlich. Wir zahlten damals für das Welpenspiel 15 Euro pro Stunde, während der Kursus „Junghunde" für eine verbindliche Einzelstunde und fünf Gruppenstunden mit 130 Euro zu Buche schlug. Diese Kurse gehen schnell rum und bringen viel – entsprechend satteln etliche Halter noch mal drauf, machen mit ihrem Tier mindestens einen Anschlusskursus oder buchen Einzelstunden. Die sind ziemlich teuer, besonders dann, wenn die Hundetrainerin nach Hause kommt. 70 bis 90 Euro sind dann schnell fällig.

Wer einen Hundeführerschein macht, muss als „Ersthalter" (also Familienchef, Rudelführer) 67 Euro berappen, weitere Mithalter aus der Familie zahlen deutlich weniger. Die Hundesteuer kostet 90 Euro im Jahr, die Hundehaftpflicht-Versicherung 63 Euro. Bei Letzterer beträgt die Deckungssumme zehn Millionen Euro – na, da können wir ja richtig was anstellen. Die Hundepension kostet 28 Euro pro Tag und war jeden Cent wert. Manche sollen deutlich teurer sein, hängt ganz vom Programm ab.

Hinzu kommt natürlich noch das ganze Alltags-Equipment: Leinen und Halsband, Näpfe, Körbchen, Spielzeug, Fahrradkorb. Da sind die Preise so unterschiedlich, dass ich empfehle, die Angebote in Ruhe zu vergleichen. Eine Dose von Friedas Futter kostet rund 2,50 Euro und reicht für drei bis vier Mahlzeiten.

Ergebnis: Eine Eigentumswohnung ergibt das noch lange nicht, auch keine ganz kleine. Vielleicht einen Gebrauchtwagen. Ich will aber keinen Gebrauchtwagen, wenn ich mit Frieda spazieren gehen kann. Außerdem gibt es schon genug Autos in Hamburg. Soll der Hund doch ruhig was kosten, andere geben dasselbe Geld für zwei Essen im Luxusrestaurant aus. Nicht für 1000 Euro würde ich meine Frieda hergeben.

Für 5000? Na, sagen wir mal so: Ab einer bestimmten Summe würde ich vielleicht mal kurz darüber nachdenken.

WAS FRIEDA WOHL GEDACHT HAT, ALS ES SO HEIß WAR ...

Die Hitzewelle beschäftigte uns Menschen stark. Wie Hunde sie fanden, ist nicht überliefert. Oder doch?

Hamburg. Alle gestressten Landwirte, Gartenbesitzer und Leute mit Sonnenallergie können sich freuen. Auch wenn wir jetzt wohl wieder ein paar heiße Tage bekommen (sollen): Die extreme Hitzewelle scheint vorbei zu sein. Aktuell erfreut uns Hamburg mit „Fahrstuhlwetter", das mir als Nicht-Mediziner für den Kreislauf eigentlich viel belastender vorkommt als die trockene Hitze, vor der ja dauernd so gewarnt wurde.

Sie merken es schon an diesen polemischen Ausführungen: Frieda und ihre Menschen konnten die Zeit mit den vielen Hochs gut leiden, und von mir aus kann es so etwas jetzt häufiger geben. Wie Frieda das fände, weiß ich natürlich nicht, aber was sollte sie dagegen haben, ohne Kälte und Regen durch die Gegend zu spazieren. Auch die offenen Fenster im Auto haben ihr gutgetan, und sie ließ ihre Schlappohren sichtlich zufrieden im Fahrtwind flattern. Heiße Tage sind umgangssprachlich ja schon seit Jahrhunderten Hundstage – und das kann doch kein Zufall sein!

Frieda wird sich dazu in den (leider) vergangenen Wochen schon ein paar Gedanken gemacht haben, die natürlich keiner kennt, aber die man – augenzwinkernd versteht sich – hier ja mal rekonstruieren kann.

Einmal mehr möchte ich dazu vorbeugend klarstellen, dass Frieda dabei keinesfalls vermenschlicht werden soll. Aber ein paar Dinge werden ihr während dieser heißen Zeit ja zumindest aufgefallen sein. Einiges war eben so ganz anders als sonst. Stellen wir uns mal vor, dass ihre entsprechenden Eindrücke an dieser Stelle wiedergegeben werden könnten. Das würde dann vielleicht beispielsweise so aussehen: „Komisch, noch ganz früh am Tag, und meine Menschen sind schon auf den Beinen. Sonst schlafen die doch auch immer länger. Na ja, ist ja auch schon wieder ganz schön warm und hell draußen."

Hier noch ein paar andere Beispiele: Müder als sonst war Frieda während der Hitzewelle natürlich schon. Ihr Lieblingsplatz: im Flur hinter der ständig offenen Haustür. Ihre möglichen Gedanken dazu: „Mannomann, schon wieder vier Stunden geschlafen – und ich könnte gleich wieder wegdösen. Und richtig hungrig bin ich auch nicht."

Dauernd ist überall zu lesen, dass es hierzulande immer weniger Insekten gibt. Über mangelnden Besuch von Fliegen und Wespen konnten wir uns dank weit geöffneter Fenster allerdings wochenlang nicht beklagen. Vielleicht grollte Frieda: „Die nerven mich beim Fressen. Eben hätte ich fast eine geschnappt. Pass bloß auf, Freundchen."

Im Gegensatz zu unserer Einjährigen schleppten sich die älteren Hunde im Park manchmal reichlich träge durch die Gegend. Zwei Verabredungen zum Spielen wurden wegen der Hitze auch kurzfristig abgesagt. Möglicherweise dachte Frieda: „Ganz schön verweichlicht, oder bin ich mit zehn Jahren auch so?"

Kennen Sie das? Dauernd musste der Gartenschlauch angestellt werden, den unser wachsamer Hund dann immer sofort leidenschaftlich attackierte. Ein Filmchen haben wir davon gedreht: Frieda versucht minutenlang, in den Wasserstrahl zu beißen, und machte dabei Geräusche wie ein gurgelnder Senior morgens im Bad. Ob sie dabei wohl Folgendes dachte: „Diese spuckende Schlange, die sich hier im Garten ausbreitet, kriege ich auch noch klein." Apropos Garten: Dass die Vegetation ganz schön zu leiden hatte, ist ja nun jedem aufgefallen. Friedas mögliche Überlegungen dazu: „Lauter Blätter hier. Ist denn schon wieder Herbst?“ Oder: „Die schöne Grünfläche, auf der ich immer tobe, hat ja ganz braune Flecken. War ich das?“

Klirrende Gläser, der Geruch von Grillkohle, Gelächter und Unterhaltungen – und das, obwohl es schon auf Mitternacht zugeht. Herrlich diese Sommergeräusche. Und was dachte Frieda darüber? Vielleicht: „Mein Rudel findet mal wieder kein Ende. Mir langt's jetzt, ich geh schlafen. Sollen die doch selbst auf sich aufpassen.“

Und auch das ungewohnte sommerliche Essen dürfte ihr aufgefallen sein: „Lecker, hier kleckert dauernd so was Kaltes auf die Erde. Das könnte es bei uns öfter geben.“ War es so?

Vermutlich hat Friedebutsch das alles gar nicht gedacht, sondern sich einfach nur am Sommer erfreut. Und der ist zum Glück ja noch nicht vorbei.

IST FRIEDA DOCH KEIN LABRADOODLE? EINE SPURENSUCHE

Ein Gentest soll jetzt Klarheit bringen. Labradoodle steht zwar im Kaufvertrag, aber es gibt da Zweifel.

Heute zu einem Thema, das Friedas Menschenfamilie aktuell ziemlich auf der Seele lastet. Fangen wir am besten beim Anfang an.

Ich habe hier ja schon mehrmals angedeutet, dass es bei der Übergabe des Welpen Frieda im Mai 2017 ziemlich chaotisch zuging. Nachdem wir uns die Kleine ausgesucht hatten und gen Hamburg starteten, verlief einiges plötzlich anders als besprochen, und die Papiere, die wir damals erhielten, waren letztlich nur Makulatur. Wohlmeinende Leser hatten mich schon vor einem Jahr gewarnt und mir eindringlich vermittelt, wie wichtig gute Referenzen bei Züchtern sind. Über den Stammbaum eines Hundes muss auf Nachfrage natürlich genaue Auskunft gegeben werden – und das war bei Frieda ziemlich lückenhaft.

Dass mit Züchtung und Verkauf viel Schindluder getrieben wird, weiß ich mittlerweile längst, der Hunde-Handel ist eben ein sehr lukratives Geschäft geworden. Internet und Fachliteratur sind voll von Warnungen vor dubiosen Anbietern, auch an schlimmen Erfahrungsberichten mangelt es nicht. Warum wir damals trotz insgesamt guter Vorbereitung etwas blauäugig an das Projekt gingen? Vielleicht war es mangelnde Geduld: Hunde vom Züchter sind nicht leicht zu bekommen, und es gibt zum Teil recht lange Wartelisten.

Außerdem machte Friedas Geburtsort insgesamt einen tadellosen Eindruck. Und wenn man sich dann erst mal für einen süßen Welpen entschieden hat, ist das mit dem Umsteuern so eine Sache. Hinzu kam ein ziemlicher Zeitdruck beim Abholen, der mir im Rückblick reichlich künstlich hergestellt vorkommt.

Zu Hause geriet dieses ganze Chaos dann ziemlich schnell in Vergessenheit, weil Frieda sich prima entwickelte und uns sogar noch mehr Freude als erwartet machte. Endlich hatten wir unseren Labradoodle, also den Mix aus Labrador Retriever und Pudel – so, wie wir ihn uns gewünscht hatten. Oder doch nicht?

Schon in der Welpen- beziehungsweise Hundeschule bekamen wir es häufig zu hören: „Frieda sieht gar nicht aus wie ein Labradoodle." Mit der Zeit lernten wir immer mehr Halter kennen, die ebenfalls skeptisch waren. „Ist dein Hund ein Dackel?", wollte Leser Hannes kürzlich wissen – ähnliche Mails und Briefe habe ich schon häufiger bekommen. Ich will der guten Frieda hier nicht zu nahe treten, aber man muss zugeben: Sie hat zwar eine Menge vom schlauen, lernbegierigen Pudel, aber die Gutmütigkeit, die dem Labrador zugeschrieben wird, fehlt ihr eigentlich völlig. Im Grunde ist sie ein quirliges Energiebündel, das auch mal ganz schön zickig sein kann.

Damit wir uns hier richtig verstehen: Eigentlich ist es irrelevant, was Frieda genau ist, denn wir lieben sie so, wie sie ist. Allerdings haben wir einen Labradoodle gekauft und bezahlt, und das war (wie Sie ja wissen) nicht gerade günstig.

Zweifel kamen mit der Zeit dann auch bei uns auf, zumal sich Friedas Aussehen in den vergangenen Monaten kaum veränderte. Nach wie vor bringt sie knapp unter fünf Kilo auf die Waage, und damit dürfte sie so ziemlich einer der leichtesten Labradoodles weit und breit sein.

Den Ausschlag gab neulich die umfangreiche Untersuchung im Zusammenhang mit der Kastration. „Mit hoher Wahrscheinlichkeit" sei Frieda kein Labradoodle, befand die Tierärztin – und diese Ansage war für uns nun wirklich ein dicker Hund. Nach einigem Hin und Her entschieden wir uns schließlich für einen Gentest, um endlich Gewissheit zu bekommen.

Der lief ungefähr so ab: Die Tierärztin bewegte eine an einem Stiel befestigte Minibürste innen an Friedas Lefzen hin und her. Wechsel, neues Bürstchen. Insgesamt vier Proben wurden auf diese Weise genommen. Das Ganze muss trocknen und wird dann in ein Labor für Veterinärdiagnostik geschickt – zur Rasseidentifikation, wie das in der Fachsprache heißt.

Vieles ist noch unklar, sicher ist dagegen: Frieda bleibt Frieda! Mehr davon demnächst. Nach dieser aufregenden Zeit müssen sich Menschen und Hund jetzt erst mal etwas ausruhen, und die nächste Kolumne gibt's am 12. September. Dann liegt auch das Testergebnis vor, und wer weiß: Vielleicht muss der kleine Text hier unter dem Foto geändert werden. Warten wir es ab.

DIE GANZE WAHRHEIT ÜBER „LABRADOODLE“ FRIEDA

Frieda ist der Hund von Matthias Schmoock. Jetzt stellt er fest: Frieda ist zwar Frieda, aber nicht das, was sie sein soll.

Hamburg. Zwei Dokumente liegen hier vor mir, die nicht wirklich zusammenpassen: der Kaufvertrag über Labradoodle Frieda und das Ergebnis der Rassebestimmung. Das Tier ist zwar dasselbe (immerhin!), aber das war's dann auch schon. Damit ist, um ein reichlich schiefes Bild zu benutzen, die Katze aus dem Sack: Frieda ist zwar Frieda, aber nicht das, was sie eigentlich sein soll.

Um die Spannung noch etwas zu erhöhen, erläutere ich kurz das Prozedere. Aus den Zellen der Mundschleimhaut-Probe (wir erinnern uns) wurde im Labor DNA isoliert und dann mit 1800 genetischen „Markern“ abgeglichen. Jeder Hund hat seine speziellen Marker, über die festgestellt werden kann, welche Rassen in dem jeweiligen Hund vertreten sind. Diese Arbeit übernimmt ein Computerprogramm, das Informationen über unzählige Rassen und „Rassevarietäten“ aus der Datenbank abrufen kann. „Die Analysesoftware führte über 17 Millionen Berechnungen mit elf verschiedenen Modellen durch. Angefangen von einer einzelnen Rasse bis hin zu komplexen Kombinationen von unterschiedlichsten Rassen, wurde so die wahrscheinlichste Kombination in Frieda anhand der genetischen DNA-Marker ermittelt“, steht in dem Begleitschreiben.

Für alle Herrchen und Frauchen, die nur Bahnhof verstehen, ist auf der dann folgenden Seite ein Stammbaum mit Pfeilen und Hundefotos angehängt. Das Ergebnis, und damit komme ich zu des Pudels Kern (kleiner Scherz), sieht nun so aus: Frieda ist zu 75 Prozent ein Zwergpudel. Außerdem stecken 12,5 Prozent Amerikanischer Cocker Spaniel und 12,5 Prozent Englischer Springer Spaniel in ihr. Meine Güte. Hunderten von Menschen haben wir guten Gewissens etwas anderes erzählt, Tausende haben hier wöchentlich von Labradoodle Frieda gelesen – und nun so etwas. Das ist wirklich ein dicker Hund.

Für alle, die es genau wissen wollen: Offiziell ist Frieda damit ein Cockapoo – ein Mischlingshund, der laut Hundebuch „die Kreuzung zwischen Cocker-Spaniel-Rassen und einem Pudel darstellt“.

Da Sie, liebe Leser, heute hier mein Kummerkasten sind, schreibe ich es Ihnen mal ganz frei weg von der Leber: Cockapoo? Das ist mir nun wirklich zu schräg. Labradoodle fand ich ja schon gewöhnungsbedürftig, aber nun noch so ein anderer „spezieller“ Name? Ich habe keine Lust, mir dieses Wort jede Woche hier unter dem Foto anzugucken – lassen wir es also lieber ganz weg.

Damit wir uns richtig verstehen: Von Frieda distanziere ich mich damit natürlich keinesfalls. Mein mehrmals wiederholter Satz „Frieda bleibt Frieda“ hat Gültigkeit – nach diesem Testergebnis vielleicht sogar noch mehr als vorher. Als winziges Bündel hatten wir sie im Sommer 2017 für die Fahrt nach Hamburg eingepackt, locker passte sie auf meine Handfläche. Höchstens erfahrene Experten hätten damals vielleicht sagen können, dass es eben kein Labradoodle war, der da die Reise in den Norden antrat. Entsprechend freundliche, aufmunternde Post gab es nach der letzten Kolumne – so nach dem Motto: Macht euch nichts draus. Und immer wieder die Frage, ob wir Frieda denn nun „trotzdem“ behalten werden. Die Antwort: ein klares Ja. Wie wir das Ganze rechtlich angehen, checkt aktuell ein Anwalt.

Dass diese ganze Geschichte um Friedas Identität letztlich völlig irrelevant sei, wie mir ein Leser streng schrieb, trifft aber auch nicht ganz zu. Denn es waren eben Labradore und Labradoodles, die wir als nicht mehr ganz junge Hundesitter als so umgänglich erlebt hatten, dass wir uns schließlich auf das Wagnis eigener Hund einließen. Frieda, das zeigte sich dann schnell, war und blieb viel schlauer, aber auch quirliger und zickiger als die Pflegehunde vorher. Vom gemütlichen „Familienhund“ Labrador ließ sich nichts entdecken – kein Wunder, kann man jetzt sagen. Als „lebhaft“ und „bellfreudig“ werden die Hunderassen bezeichnet, die in Frieda stecken. Das kann ich bestätigen. Schluss. Wir sollten das Thema jetzt abhaken und weitermachen wie gehabt.

Friedebutsch liegt draußen in der schwächer werdenden Sonne und schaut verträumt den Fliegen nach. Wunderschön ist sie. Ein glücklicher Hund. Sie liebt uns – und wir lieben sie. Natürlich auch als Cockapoo.

AUCH DAS NOCH: FRIEDA PLÖTZLICH KRANK

Der hoch ansteckende Zwingerhusten setzte dem Hundemädchen ganz schön zu.

Hamburg. Viele Reaktionen gab es auf die neuen Erkenntnisse zu Friedas Identität. Kaum war das etwas abgeklungen, folgte die nächste Aufregung: Frieda wurde krank.

Die Gute war uns schon einige Tage lang ziemlich schlafmützig vorgekommen, als sie unvermittelt nie gehörte Geräusche von sich gab. Das Ganze klang, als habe unser Hundemädchen etwas im Rachen stecken, das es nun mühsam herauswürgen müsse. Wir vermuteten schon ein quer sitzendes Stück Holz und ähnlich Schlimmes, stießen dann bei den Recherchen auf die Krankheit Zwingerhusten – Fachbegriff: infektiöse Tracheobronchitis. Die Tierärztin bestätigte das und verschrieb ein Antibiotikum.

Das Übel ist sehr ansteckend, und theoretisch kann Frieda es sich überall aufgesackt haben. Wieder etwas Neues gelernt, wie so oft in den vergangenen Monaten, wobei ich diesmal gerne darauf verzichtet hätte.

Die arme Frieda. Zwei Nächte waren wirklich unerfreulich – nicht nur für sie. Übel geschüttelt wurde Friedebutsch von den Hustenattacken, die so ähnlich klangen wie Keuchhusten beim Menschen. Und wie bei einem kranken Kind schlugen wir uns natürlich gemeinsam die Nächte um die Ohren, trösteten die schlaflose Kranke (und sie uns), gingen ein bisschen mit ihr herum, redeten beruhigend auf sie ein. Eine interessante Parallele zu kranken Menschen(kindern): starkes Anlehnungsbedürfnis bei gleichzeitigem Unbehagen über Streichel- und Tätschelversuche. Ein gemeinsamer Tee um drei Uhr morgens hat ja auch etwas – zumindest schweißt so eine Krise Mensch und Tier vermutlich noch mehr zusammen. Fast hätte ich ihr noch etwas vorgelesen, „Lassie" zum Beispiel, aber dann fielen mir doch die Augen zu.

Einmal erbrach sie sich nach der ganzen Würgerei heftig und etwas blutig – natürlich auf den einzigen (wertlosen) Teppich in Reichweite. Der hat mittlerweile den Weg zum Recyclinghof angetreten – völlig egal. Viel wichtiger: Die Medizin schlug dann doch schnell an, und Friedebutsch ist wieder ziemlich gesund. Eine rabiate Impfung in ganz jungen Jahren und die Kastration neulich hat sie schon bravourös überstanden, da kann sie so ein dämlicher Husten natürlich noch lange nicht niederringen.

Bevor Sie mir schreiben: Ja, Frieda hätte gegen den Zwingerhusten geimpft werden können, aber die Tierärztin hatte damals nicht wirklich zugeraten. Grundsätzlich finde ich, dass man nicht jeden Infekt künstlich unterdrücken sollte, und ich gehe mal davon aus, dass die zähe Frieda gekräftigt aus der ganzen Sache hervorgeht.

Am Ende der Woche unternahm ich mit der scheinbar noch ganz schlappen Rekonvaleszentin einen Spaziergang an einer wenig befahrenen Einbahnstraße, als eine nette Frau von der anderen Straßenseite begeistert ausrief: „Das ist doch die Frieda aus dem Abendblatt."

Die eben noch drömelige, nicht angeleinte Hündin reagierte auf ihren Namen wie eine Diva aufs Blitzlichtgewitter: Sie straffte sich und setzte umgehend dazu an, ihrer Verehrerin entgegenzustürmen. Zum Glück funktioniert der inzwischen erlernte Rückholpfiff ganz gut (brav, Frieda!), und das vom frühen Ruhm geblendete Tier kehrte am Fahrbahnrand wieder um. Ja, das war die Frieda vom Abendblatt – und beinahe wär's das gewesen mit ihr.

Fast schlug sich Herrchen angesichts dieser Nachlässigkeit zur Strafe selbst mit der Hundeleine, die es sich gemütlich über die Schulter gehängt hatte, wiederholte dann stattdessen lieber mehrmals das allerwichtigste Mantra: Man muss bei den Hunden in Straßennähe immer wahnsinnig aufpassen, darf sich nie in Sicherheit wiegen. Vielleicht lasse ich mir das irgendwann noch mal eintätowieren.

Ein kurioses Missverständnis ergab sich dann noch am Sonntag. Nachdem ich einer betagten Nachbarin von den vergangenen Hundstagen mit Zwingerhusten berichtet hatte, entgegnete die Dame (wobei sie leicht errötete): „Na ja, man darf die Tiere auch nicht so viel rumstreunen lassen, wenn sie läufig sind.“ Ich begriff zunächst überhaupt nichts, bis sich die Sache aufklärte. Die Gute hatte Swingerhusten verstanden.

Aber gnädige Frau, was denken Sie denn von meiner Frieda?!

STRESSHOCHZEIT IN BERLIN – AUCH FRIEDA GRATULIERTE …

„Wat bist 'n du für 'ne Süße?" Wie unsere Hundedame mit ganz viel Enthusiasmus auf ein Jawort antwortete.

Mit ihren noch nicht mal anderthalb Jahren ist Frieda schon ganz schön rumgekommen. Sie wissen ja: Nord- und Ostsee, Heide, Bayern. Ein Besuch in der Hauptstadt war da nur eine Frage der Zeit – und am vergangenen Wochenende ergab sich endlich die Gelegenheit. Anlass war eine Hochzeit, die Sonne strahlte – was will man mehr.

Keine Angst: Ich erzähle Ihnen hier jetzt keine Märchen so nach dem Motto „Frieda bestaunt das Brandenburger Tor". Zum einen sind die Wände, Autos und Beine aus der Hundeperspektive in jeder Großstadt ohnehin gleich interessant (oder langweilig), und zum anderen halte ich nichts davon, einen jungen Hund an irgendwelche stressigen „Hotspots" zu schleppen. Ein paar Eindrücke vom Grunewald und aus Potsdam sollen reichen.

Potsdams Trottoirs hatten es Friedas besonders angetan. Das lag daran, dass in den Rillen zwischen den Steinen jede Menge Leckereien hängen bleiben, Krümel von Currywurst, Buletten und Döner. Deutlich weniger Fischbrötchen.

Friedas Menscheneltern nutzten die Gelegenheit zur Besichtigung der Gerhard-Richter-Ausstellung im Palais Barberini. Wer sich einen Hund zulegt, macht sich vorab vermutlich nicht klar, dass bei solchen Besichtigungen fortan von zweien immer einer draußen bleiben muss, um sich mit dem Vierbeiner zu beschäftigen. Rein durfte Frieda nur zum Kartenkauf – und da erlebten wir Verblüffendes. Wir waren bereits in der Drehtür (Frieda auf dem Arm), als uns ein freundlicher Pförtner zurückwinkte und eine Seitentür öffnete. „Det is wegen die Allergiker", erläuterte der Mann. Erstaunlich: Da gibt es offenbar diese Vorschrift zum Schutz derjenigen, die auf Tierhaare allergisch reagieren. Finde ich interessant. Wieder etwas Neues, wie so oft, seit Frieda unser Leben teilt.

Während Friedas Frauchen einige Runden im Palais drehte, spazierten Herr und Hund durch die schönen Anlagen. Dass die Hanseaten kühl und maulfaul seien, kann ich zwar keinesfalls bestätigen. Aber die Leute im Raum Berlin erweisen sich doch als deutlich kommunikativer. Und wo die Hamburger schon sehr hundelieb sind, setzen die Berliner und Potsdamer noch eins drauf. Ergebnis: „Na du Pöks, wat bist du denn für eene?" und „Na Kleene, wie heißt 'n du?" überall. Viele amüsante Gespräche gab's – und nun wissen Frieda und ich alles über Ringo, Tscharlie und einige andere Vierbeiner.

Bei der Trauung in der Grunewaldkirche wurde es spannend. Brautpaar und Pastor waren mit Friedas Anwesenheit einverstanden, und sie spazierte aufgeschlossen in das Gotteshaus. Aber: Würde sie die gebotene Contenance bewahren? Zur Sicherheit hatten wir einen Kauknochen eingesteckt. Alles klappte wunderbar. Jedenfalls fast bis zum Schluss. Friedebutsch döste zu unseren Füßen in einer Bank ganz hinten und war auch bei donnerndem Orgelspiel und dem Jawort nicht aus der Ruhe zu bringen. Das änderte sich, als der Pastor die Gäste unmittelbar nach der Trauung aufforderte, ihrer Freude lautstark Ausdruck zu verleihen. In das allgemeine Jubeln, Pfeifen, Klatschen und Trampeln stimmte Frieda entschlossen mit ein. Langsam flaute der Lärmausbruch ab, alle wurden leiser. Alle außer Frieda. Und wie das dann immer so ist: Eben steckte der Knochen doch noch in der rechten Manteltasche, oder war's die linke? Dann kriegte ich ihn nicht richtig zu fassen. Er hakte irgendwo fest, wertvolle Sekunden verstrichen. Frieda bellte enthusiastisch weiter, die komplette Hochzeitsgesellschaft drehte sich zu ihr um – laut lachend. Gott sei Dank klopfte mir der Bräutigam hinterher auf die Schulter: „Ich liebe euren Hund."

Abends peste Friedebutsch ausgiebig die Hänge im Düppeler Forst rauf und runter, schlabberte Wasser aus der Havel und vertiefte im Licht des Sonnenuntergangs die spektakulären Kuhlen der Wildschweine, die wie umgepflügte Mini-Äcker aussehen, durch intensives Nachscharren. Und wieder überall dieses: „Wen ham' wa denn da?" und „Wat bist 'n du für 'ne Süße?". Dass sie Neuland betreten hatte, wird Frieda gemerkt haben, aber natürlich nicht, dass es auch Hauptstadtland war. Mal angenommen, sie hätte es gemerkt und uns dazu etwas mitteilen können. Dann wohl Folgendes: „Berlin, det hat wat."

DER WEHMÜTIGE ABSCHIED VON FRIEDA

Der Aufenthalt in der Hundepension war diesmal etwas länger – aber 14 Tage sind gerade noch auszuhalten.

Aufmerksame Leser mit gutem Gedächtnis wissen natürlich, dass die gute Frieda schon einige Tage in der Hundepension verbracht hat. Dabei handelte es sich aber jeweils nur um kleinere Stippvisiten zum Kennenlernen und Eingewöhnen, wie ich sie jedem Neu-Hundehalter nur empfehlen kann.

Nach anderthalb Jahren wurde es nun aber ernster: Frieda war für 14 Tage „in Pension" angemeldet, der Rest ihres Rudels wollte auf große Fahrt gehen. Ich verspreche hier ja laufend, dass ich nur die Wahrheit schreibe (klappt immer) und dass ich meinen lieben Hund nicht zu sehr vermenschlichen will (klappt meistens).

Der Punkt ist: Hundehalter wissen, dass vieles von dem, was man im Alltag mit seinem Tier so erlebt, für andere oft total unglaubwürdig klingen muss – eben so, wie von einem Menschenhirn entweder ausgedacht oder interpretiert. Dies vorausgeschickt, hier nun ein paar schlichte Beschreibungen und Vergleiche – und die sind, wie versprochen: wahr.

Am Abreisetag verdrückte sich Frieda immer häufiger in ihr Körbchen. Dauernd holte sie sich Streicheleinheiten ab, schlief viel, ließ kaum von sich hören. Eine Hundezüchterin, die ich immer gerne zitiere, hat es ja mal so auf den Punkt gebracht: „Hunde haben nicht nur sieben Sinne, sondern mindestens acht oder neun." Sie merkte, dass irgendetwas im Busch war, als die Koffer zum Auto geschoben wurden und die Flugtickets von Hand zu Hand gingen. Auch im Auto döste sie vor sich hin – deutlich teilnahmsloser als sonst.

Eines muss klar sein: Es gab und gibt für Menschen Trennungen von ihren Haustieren, die tausendmal dramatischer sind als die vorübergehende Verabschiedung in eine schicke Hundepension. Man sollte da mal die Kirche im Dorf lassen. Trotzdem war mir etwas mulmig, als wir bei Friedas Gasteltern auf den Hof rollten. Nun wurde es ernst, und alles sollte schnell gehen.

Der Aufbruch erinnerte mich an die Stimmung von Eltern und Kindern, bevor der Bus zur Klassenreise startet: eine Mischung aus Aufgeregtheit, Neugier und Abschiedsschmerz. Und natürlich, so viel Ehrlichkeit muss sein, freut man sich auch, die Verantwortung mal für ein paar Tage an andere abgeben zu können. Unsere „wichtigen“ Ratschläge hörten sich die beiden Hundeexperten gelassen an, ihr knappes Fazit: „Lasst uns man machen.“ Dann: schneller, undramatischer Abschied von Friedebutsch, die am Zaun natürlich noch hinter uns her jammerte, aber geschickt von Herbergsvater Heiner abgelenkt wurde und schwanzwedelnd hinter ihm her trabte.

Dank der sozialen Medien konnten wir uns unterwegs immer mal von Friedas Wohlergehen überzeugen. „Pensionswirtin“ Katrin schickte auf Wunsch ab und zu Fotos und kleine Filmchen: Frieda hilft (na ja) beim Laubfegen, Frieda tobt mit Hundefreunden, Frieda erst klatschnass, dann wieder trocken im Körbchen.

Die Begrüßung in der Hundepension war schon toll. Frieda, die in der kurzen Zeit etwas (aber sichtbar) zugenommen hat, tanzte um uns herum, stellte einen neuen Rekord im Schwanzwedeln auf, sprintete aber auch immer wieder fröhlich zu Katrin und Heiner zurück – so nach dem Motto: „Guckt mal, wer da ist.“ (Zugegeben, das war jetzt eine Vermenschlichung.) Als ich noch einmal kurz zum Auto zurückging, raste sie wie von der Tarantel gestochen jaulend hinter mir her. „Jetzt nicht wieder abhauen“, schien dieses Verhalten zu bedeuten.

Die größte Überraschung erlebten wir dann bei der Rückkehr. Vor der Haustür, durch die sie schon viele hundert Male achtlos spaziert war, führte Frieda einen wilden Tanz auf, dribbelte auf der Stelle, kratzte mit den Pfoten am Holz. Nach dem Aufschließen schoss sie wie ein geölter Blitz durch alle Zimmer, checkte die Ecken, inspizierte die Möbel. Ich schwöre: Das hat es so noch nie gegeben. Es kostete schon einige Mühen, Friedebutsch in den ersten Tagen nicht dauernd anzusprechen („groß bist du geworden“) oder zu streicheln und immer wieder auch konsequent zu sein.

Fazit: 14 Tage ohne Hund sind natürlich auszuhalten. Aber mit Frieda macht das Leben noch mehr Spaß.

DER FRIEDA-GIPFEL IM ALTENHEIM

Wie gut Tiere dementen Menschen tun, konnten wir jetzt selbst erleben – dank einer Namensvetterin …

In einem Film würde es jetzt so losgehen: Herrchen sitzt in einem Kreis würdiger alter Menschen, Frieda hat sich unter einen Stuhl verkrümelt, und ein anderer Hund, der auch Frieda heißt, bildet den munteren, viel bestaunten Mittelpunkt der Runde. Wie sind wir hierhergekommen, was hat das alles zu bedeuten? Schnitt.

Fangen wir am besten beim Anfang an. Vor einiger Zeit schrieb mir Leserin Christina Koeplin und berichtete von ihrer siebenjährigen Frieda. Diese English-Cocker-Spaniel-Hündin leistet Besonderes: Sie besucht Senioren in entsprechenden Einrichtungen und sorgt vor Ort für Abwechslung und gute Laune. Das klang interessant. Ein Treffen mit Frieda und Frieda, sozusagen ein Frieda-Gipfel (höhö), wurde anberaumt. Und um mehr zu erfahren, verabredeten wir vier uns direkt zu einem Besuch. Das Projekt heißt „4 Pfoten für Sie“ und läuft über den Hundebesuchsdienst der Hamburgischen Brücke, einer Gesellschaft für private Sozialarbeit. „Die bloße Anwesenheit eines Tieres kann ausreichen, um Menschen mit Demenz wieder besser mit ihrer Umwelt in Kontakt treten zu lassen“, schreiben die Organisatoren. Davon bin ich auch überzeugt. Wir erleben es oft selbst bei einer dementen Seniorin in der Familie, die durch Friedas Besuche immer geradezu aufblüht. Frau Koeplin und ihre Frieda sind ein zertifiziertes „Besuchsteam". Dafür mussten sie einen 40-stündigen (!) Qualifizierungskurs mit schwierigen Prüfungen bestehen. Toll. Meine Frieda und ich hätten das mit Sicherheit (noch) nicht geschafft.

Das Haus in Dulsberg bietet Tagespflege für Senioren – hier trafen wir uns. Die Begrüßung vor Ort war turbulent.

Die offiziellen Besuchshunde müssen die besondere Ausbildung geschafft haben und dürfen nur kerngesund sein. Friedebutsch ist zum Glück zwar nachweislich fit, aber das war's dann auch schon. Ich konnte sie, das wurde schnell klar, nicht einfach so auf die Senioren loslassen, denn davon hätten beide Seiten nichts gehabt. Aber alle hatten sich schon auf die Frieda vom Abendblatt gefreut. Was also tun?

Mit der sympathischen Leiterin der Einrichtung handelten wir einen Kompromiss aus: Frieda durfte mit in den Raum, aber wir setzten uns als Zaungäste an den Rand. Sechs alte Damen und ein Herr, die älteste Jahrgang 1925, saßen dort – alle top gepflegt und freundlich gestimmt. Wie stark die Demenz bei den einzelnen ausgeprägt war, ließ sich bei so einem Kurzbesuch nicht feststellen, spielte aber ja auch keine Rolle.

Meinen Hund zu streicheln wurde nicht erlaubt, aber das war nicht weiter schlimm. Denn als Star des Vormittags wurde die andere Frieda aktiv. Und wie. Eine Stunde lang durften ihr die alten Menschen Leckerli geben und Spiele ausprobieren. Die ausgebildete Frieda spürte verstecktes Futter auf, bewies ihre Geschicklichkeit und ließ sich immer wieder bereitwillig tätscheln. Das Beeindruckendste dabei: Die müden, zunächst etwas teilnahmslosen Damen und der Herr blühten enorm auf. Die Gesichter wurden immer lebendiger, die Anekdoten sprudelten nur so. Geschickt hielt Frau Koeplin die Unterhaltung in Schwung, sprach die etwas Stilleren direkt an, hakte nach, animierte zum Weitersprechen.

Meine Frieda schaute dem Treiben interessiert, aber wohl auch etwas verständnislos zu. Sie ist ja auch noch nicht so lange in diesem wilden, immer wieder neuen Menschenalltag unterwegs. Irgendwann döste sie in dem warmen, gemütlichen Zimmer ein. Vielleicht machen wir in ein paar Jahren ja auch mal so eine Ausbildung – überzeugt hat mich das alles jedenfalls sehr.

GROßER ÄRGER UMS GROßE GESCHÄFT

Die Hinterlassenschaften von Hunden sind ein ewiges Streitthema. Dabei ist Rücksichtnahme nicht schwer.

Irgendwann musste es hier ja mal um dieses Thema gehen. Es ist – neben lautem Gebell zu Ruhestunden und Angst vor Beißattacken – vermutlich dasjenige, bei dem es zwischen Hundehaltern und Nichthaltern die größte Schnittmenge (wenn auch ganz sicher nicht Übereinstimmung) gibt. Oder anders formuliert: Vermutlich beschäftigt kein Thema diejenigen so stark, die sonst mit Hunden überhaupt nichts am Hut haben. Viel, sehr viel, ist dazu in den vergangenen Jahren schon geschrieben worden. Eine neue Diskussion wollen Frieda und ich hier nicht anschieben – es soll eher um ein paar Alltagsimpressionen gehen.

Zunächst diese: Obwohl Frieda morgens nur einmal „macht“, stopfe ich mir beim Losgehen immer mehrere Gassibeutel in die Jackentaschen. Warum? Ich komme an anderer Stelle darauf zurück.

Das noch so kleinste Würstchen sammele ich mit diesen Beuteln auf – auch die Hinterlassenschaften an Ecken, wo vermutlich nie ein Fußgänger vorbeikommt. Unter Büsche bin ich deshalb schon gekrochen, habe im Dunkeln mit der Taschenlampe gesucht, bin große Auslaufflächen abgegangen, weil ich mir nicht mehr sicher war, wo sich da nun eben was genau ereignet hatte. Für mich ist das ganz selbstverständlich, und ich finde es unmöglich, dass manche Hundehalter da offenbar ziemlich schmerzbefreit sind.

Einige „Ästheten“ aus meinem Bekanntenkreis würden sich nach eigenem Bekunden nie einen Hund zulegen – „weil die ja immer überall hinmachen“. Als Neu-Hundeverteidiger muss ich sagen: Das ist totaler Unfug. Wenn man überhaupt in solchen Kategorien denkt, was ich bei Tieren nie tue, sind Hunde sogar sehr „ästhetisch“. Sie würden nie ihr eigenes „Nest“ beschmutzen. Das fängt beim Schlafplatz an und gilt bei stubenreinen Tieren für die ganze Wohnung. Eine befreundete Familie schaffte es kürzlich nicht rechtzeitig zum abendlichen Gassigehen nach Hause, weil eine gesperrte Autobahn für stundenlange Verspätung sorgte. Als sie endlich ankam, hatte sich ihr Labrador bereits erleichtert, allerdings war er dafür in die hinterste Ecke des Heizungskellers geschlichen und machte einen ziemlich verstörten Eindruck.

Schuld an der Verschmutzung von Parks, Gärten und Wegen sind nicht die Hunde, sondern – genau wie bei bissigen Tieren oder dauerkläffenden Ruhestörern – die lieben Halter selbst.

Man muss aber auch mal fair sein und die Kirche im Dorf lassen. Dafür, dass Hamburg jetzt die Rekordzahl von rund 80.000 Hunden beherbergt, sieht es in vielen Gegenden doch ganz anständig aus. Aus meiner lange vergangenen Jugendzeit erinnere ich deutlich verschmutztere Straßen in dieser Stadt, und dass sich seit Einführung der kostenlosen Gassibeutel da schon vieles gebessert hat, bestätigen mir ältere Hamburger immer wieder.

Ich weiß noch gut, wie viele Leute sich im Sommer über die mit diesen gut gefüllten Beuteln vollgestopften, überquellenden Mülleimer an Alster und Elbe aufgeregt haben. Dieser Ärger ist zwar absolut nachvollziehbar, aber man sollte auch mal den guten Willen der Hundehalter sehen, die korrekt gehandelt und den Dreck eben nicht einfach nur im Sand verbuddelt hatten.

In anderen europäischen Städten mit ähnlicher Hundepopulation habe ich da schon ganz andere Szenarien gesehen – aber lassen wir das. Egal was ich hier schreibe: Es kommen bestimmt einige strenge Mails, so nach dem Motto: „Sie waren wohl lange nicht mehr in Park X“, oder: „Schauen Sie sich mal in der Straße Y um.“ Ich muss die Verfasser enttäuschen: Leider können Frieda und ich in dieser großen Stadt naturgemäß nur ungefähr vier bis fünf Grünanlagen mit Auslaufflächen regelmäßig besuchen, und die sehen zwar nicht perfekt, aber ziemlich gut aus.

So groß ist dieses Aufreger-Thema, dass ich es erst in der kommenden Woche abschließen kann. Dann packe ich ein weiteres heißes Eisen an: Wenn's ums große Geschäft mal Ärger gibt, bekommen den nach meinem Eindruck immer die Falschen. Und dann verrate ich auch, warum ich immer ein paar mehr Gassibeutel mitnehme, als für Friedebutsch eigentlich nötig sind.

EIN HAUFEN VOLLER PROBLEME

Wenn es um Hunde-Exkremente geht, kann man in Straßen und Parks seltsame Rituale beobachten.

Heute geht's, wie angekündigt, noch mal um die lästigen Hinterlassenschaften von Hunden, wobei ich hier ausnahmsweise mal meine vornehme Ausdrucksweise bei den Beschreibungen zu diesem Thema loben muss.

Nun erst mal zu dem Rätsel mit den überzähligen Gassibeutel, die ich für die Spaziergänge mit Frieda mitnehme. Die sind natürlich für diejenigen bestimmt, die ihre Hunde in Ruhe „machen" lassen und sich nicht weiter um eine Entsorgung bemühen. Ein merkwürdiger Reflex ist da manchmal zu beobachten: Kaum bleibt der Hund stehen und hockt sich hin, betrachten diese Halter den Zug der Wolken oder checken plötzlich ganz intensiv ihr Handy. Wenn sie sich dann entfernen und man auf die Bescherung hinweist, ist die Überraschung scheinbar immer ganz groß. „Erstaunlicherweise" haben diese Leute aber auch keinen Beutel dabei – und dann kommt mein Einsatz, der eine als Hilfsbereitschaft getarnte Ermahnung ist.

Leserin Brigitte Harries schrieb mir dazu letzte Woche völlig zutreffend, dass sich die Freude über das Angebot entsprechend auch meistens in Grenzen hält. „Na ja, danke, geben Sie mal her" ist dann eine typische Reaktion.

Man muss sich fragen, was diese Leute überhaupt unter Gassigehen verstehen. Pflichtgemäßer Spaziergang? Frische Luft schnappen für Herr und Hund? Ist doch logisch, dass die Tiere irgendwann mal müssen dürfen und sollen. Vor allem setzt das große Geschäft auch nicht aus heiterem Himmel ein, sondern kündigt sich ziemlich eindeutig an. Frieda geht dann immer langsamer, schlägt oft auch einen „hochbeinigen" Zick-zack-Kurs ein.

Das ist allerdings nicht immer so. Vor einige Zeit ging vor uns mal ein hochbetagtes Herr/Hund-Gespann, das Tier eine seltsame Mischung aus Basset und Dackel. Plötzlich begann dieser Hund, sich mitten auf dem Fußweg zu verewigen, wobei er aber immer weiterwackelte. Er wirkte wie ein klappriger alter Lkw, dem auf der Straße permanent Pakete von der Ladefläche plumpsen. Frieda fand das irre aufregend, sprang um die Bescherung herum und kläffte den Verursacher vergnügt an. Das kam mir vor wie ein: „Mach da noch mal." Als ich das vorausspazierende Herrchen auf die Spur hinwies, die sein Hund da von einer Straßenecke bis zur nächsten zog, lautete die Antwort: „Ach je, das macht Hektor (Name geändert) immer so." Na, wenn das so ist, könnte sich Herrchen ja auch ab und zu mal umdrehen und die Lage checken.

Angenörgelt werden meist eh nur die Erstbesten, die gerade vorbeikommen, und von denen wiederum diejenigen, die besonders nett und harmlos wirken. Vor ein paar Monaten wies ein Mann auf ein paar Hundehaufen, die ungefähr ein Drittel von Friedas Körpergröße ausmachten: „War das Ihr Hund?" Typischer ist aber ein gewisses Ranpirschen ans Thema. „Och, ist die süß", sagte neulich eine Dame mit etwas aufgesetztem Lächeln, als Friedebutsch und ich (noch) gut gelaunt an ihr vorbeispazierten. Und dann: „Sie gehen hier öfter, nicht wahr? Tja, leider macht seit Wochen immer ein Hund in meinen Vorgarten, sehr ärgerlich so was." „Das tut mir leid, aber was haben wir damit zu tun?" hätte meine Antwort sein müssen. Stattdessen zückte ich die Gassibeutel und sagte sinngemäß: „Wir haben die immer dabei." Misstrauisch und offenbar wenig überzeugt guckte sie mich an, denn was beweist so ein leerer Beutel schon?

So ist es doch immer mit diesem Heldentum im Alltag: Aufstehen gegen dit und dat, aber dann doch lieber in der ganz großen Gruppe. Ich glaube nicht, dass ein vierschrötiger Hundehalter, dessen Maulkorb-geschmücktes Tier sich auf einem

Weg erleichtert, so streng gemaßregelt wird wie ein Ömchen oder ein Schulkind, die bereits mit gezückter Tüte danebenstehen. Anders gesagt: Am Alsterwanderweg ist leichter Krach schlagen als im Schanzenpark.

Mein Fazit: Wer sich einen Hund zulegt, muss verdammt noch mal eben auch dessen Exkremente einsammeln. Das gehört genauso zum Programm wie ein Spaziergang bei Kälte und Regen. Und wenn alle Beteiligten in dieser Angelegenheit etwas entspannter miteinander umgehen, lebt es sich noch viel besser in dieser eigentlich sehr hundefreundlichen Stadt.

FRIEDA TRIFFT EINEN BLINDEN HUND

Der Malteser Malte verlor durch einen Gendefekt sein Augenlicht. Sein Alltag ist dadurch enorm beschwerlich.

Ich erinnere mich an Malte noch als jungen Hund: Vergnügt sprang der kleine Malteser damals aus einem Auto auf mich zu – neugierig und unternehmungslustig. Vor einem Jahr berichtete mir mein Kumpel Stephan dann Bestürzendes: Sein Malte ist blind geworden. Am vergangenen Wochenende trafen wir uns nach langer Zeit mal wieder mit den Hunden zu einem Spaziergang. Es wurde ein trauriges Wiedersehen.

Malte ist immer noch ein schönes Tier – schneeweiß, liebenswert, quirlig. Von seiner Behinderung ist zunächst nichts zu merken, auch die Augen wirken lebhaft. Aber beim Spaziergang kann ihn Stephan nicht mehr von der Leine beziehungsweise aus dem Geschirr lassen, und Herr und Hund müssen fast die ganze Zeit über in Kontakt bleiben. Würde Malte freigelassen, liefe er schon nach kurzer Zeit panisch und orientierungslos umher. Malte zieht ziemlich energisch nach vorne, immer in Gefahr, sich den Kopf zu stoßen. Sein Herrchen muss enorm aufpassen und ihn immer wieder aus Gefahrenzonen ziehen – keine leichte Aufgabe. Angefangen hatte das Drama vor rund anderthalb Jahren. Plötzlich stieß Malte in der Wohnung laufend gegen Möbel und Türen, beim Spielen fand er den Ball nicht mehr. Tests in einer Hunde-Augenklinik brachten dann Gewissheit: Maltes Netzhaut wird nicht mehr richtig durchblutet, stirbt nach und nach ab. Momentan kann er noch ein wenig hell und dunkel unterscheiden und am Tag ein paar Bewegungen in seiner unmittelbaren Nähe wahrnehmen.

Nach Erhalt der Diagnose nahmen Stephan und seine Frau Irene Kontakt zu Bekannten auf, die ungefähr zeitgleich zwei Malteser vom selben Züchter bezogen hatten. Ergebnis: Einer der beiden ist inzwischen ebenfalls erblindet. Das Ganze hat sich damit wieder zu so einem Fall entwickelt, vor dem ich hier aus eigener Erfahrung nur warnen kann: Malte war als ganz junger Hund schnell gefunden und übergeben worden, aber brauchbare Papiere fehlten. Jetzt ist klar: Der Hund hat – genau wie einige andere desselben Züchters – einen Gendefekt. Ob der kleine Hund, der mittlerweile fünf Jahre alt ist, unter seinem Zustand leidet, lässt sich schwer sagen. Am Anfang hat er sich immer mal mit den Pfoten über die Augen gewischt und den Kopf energisch geschüttelt – so als wolle er eine zottelige Locke aus dem Blickfeld befördern. Das hat er inzwischen eingestellt, aber Stephan und Irene bemerken oft, dass ihr lieber Hund deprimiert und apathisch wirkt. Was auch hinzukam, ist eine extreme Anhänglichkeit. Kaum gehen Maltes Menschen mal aus dem Zimmer, versucht er, sie zu finden. Das Wiedersehen – nach nur wenigen Minuten – gestaltet er, als seien Wochen vergangen. Körperkontakt ist extrem wichtig für das Tier. Als wir in einem Lokal einkehrten, behielt Stephan die Leine in der Hand und stellte seinen Fuß genau neben Maltes Körper. Vorab war ich auf die Reaktion der guten Frieda gespannt. Würde sie merken, dass mit dem potenziellen Spielfreund etwas nicht stimmt? Um es kurz zu machen: Frieda hüpfte zunächst um Malte herum und forderte ihn zum Spielen auf. Relativ schnell, das war schon auffällig, gab sie die Sache dann wieder auf und trottete für den Rest des Spaziergangs neben Malte her. Auf mich wirkte sie nachsichtiger als mit anderen gleich großen Hunden, aber auch deutlich gelangweilt. Vielleicht hat sie registriert, dass Malte nicht spielen konnte, vielleicht war er ihr auch einfach nur zu uninteressant.

Stephan und Irene versuchen jetzt, sich auf das Unabänderliche einzustellen. Genau wie so ziemlich alle anderen Hundehalter wollen sie sich nicht mehr von ihrem Tier trennen.

Natürlich wäre der Alltag mit einem gesunden Hund viel weniger beschwerlich, aber Malte beizustehen sehen sie als Verpflichtung. Neue Möbel werden nicht mehr angeschafft, die alten nicht mehr beiseite gerückt. Der Tierarzt sagt, dass sich Hunde relativ schnell an Blindheit gewöhnen und auch nicht über den Vergleich vorher / nachher reflektieren können. Hoffentlich stimmt das so. Es bleibt eine besondere Verbundenheit zwischen dem kranken Hund und seinen Menschen. Und eine latente Traurigkeit auf beiden Seiten.

FRIEDA UND DAS MALHEUR MIT DEM RASENTEPPICH

Und warum hockt sie so verdächtig beim Nachbarn in der Einfahrt? Als Herrchen kann man viel erleben …

In den vergangenen Wochen war die gute Frieda etwas in den Hintergrund getreten – ganz im Gegensatz zu ihrer sonstigen Alltagsposition in unserem Leben. Was gibt's Neues von Frieda, wollen viele gerne wissen, deshalb hier einfach mal ein paar Anekdoten zwischendurch.

Am vorletzten Wochenende, einem eiskalten Morgen, fuhr ich mit Friedebutsch zu Bekannten in deren Wochenendhaus. Sie sprang nur ein paar Minuten im Vorgarten herum, dann hielt sie ihre Stupsnase in die Luft und verzog sich auffallend schnell zu den Nachbarn – bei denen sie immer gerne gesehen ist. Nach einer Weile vergeblichen Rufens und Wartens ging ich schließlich doch mal hinterher. Frieda hockte in der Einfahrt, und ihre Körpersprache war mir sofort verdächtig. Verstohlen blickte sie kurz über ihre schmale Schulter und machte sich dann weiterhin hektisch über irgendetwas auf den Bodenplatten her. Typisch: Mit ihrem zierlichen Körper versuchte sie verbissen, dem heraneilenden Herrchen den Blick auf ihre „Beute" zu versperren. Zum Glück hatte sie ihre Schleppleine um, denn nur so konnte ich sie schnell von dem kostbaren Fund wegziehen. Der bestand aus einem erst kurz zuvor platt gefahrenen Maulwurf, der von einer dünnen Frostschicht überzogen war. Offenbar hatte Frieda daran herumgeschlabbert wie an einem leckeren Eis. Na toll. Da schleppt man dauernd köstliches (und teures) Dosenfutter an – und dann so etwas. Na ja, Hunde, egal wie gut domestiziert, sind und bleiben eben auch immer kleine Wölfe ...

Apropos Fressi. Ich hatte hier ja schon mal geschrieben, dass sich Frieda mit dem Gedächtnis eines Mini-Elefanten die Orte merkt, an denen sie mal irgendwelche Krümel abstauben konnte. Neuerdings peilt sie die aber mit viel strategischem Geschick direkt an – zuverlässig und durch so gut wie nichts abzulenken. Ganz oben auf ihrer aktuellen Liste steht jetzt ein ungefähr 50 Meter langes Stück Rinnstein, das sie permanent schnüffelnd abklappert. Der Grund: An der nächsten Ecke ist eine Grundschule, und am gesamten Straßenabschnitt stoppen morgens im fliegenden Wechsel die beliebten Elterntaxis. Dauernd springen lauter müde Emmas, Henrys und Lilis mit ihren Brötchen, Broten, veganen „Snacks" und Brezeln aus den Geländewagen. Ja, merkwürdig: Kleine Brezelstücke liegen da dauernd. Fast wie in Bayern. Nächster Stopp ist ein bestimmtes Plätzchen an einer der vielen Straßenbaustellen. Mittlerweile konnte ich rekonstruieren, dass die Bauarbeiter genau an dieser Stelle immer ihre Frühstückspause abhalten, und da fallen natürlich täglich ein paar Brösel ab. Da will Frieda immer unbedingt hin – da gibt's kein Halten. Strenge Leser werden jetzt zu Recht sagen, dass ja eigentlich das Herrchen als Leittier die Marschrichtung vorzugeben hat, aber ich gebe zu, dass es einfach zu faszinierend und auch komisch ist, Friedas unermüdlichen Einsatz zu beobachten.

Stubenrein ist Friedebutsch ja schon lange – eigentlich auch faszinierend, wie gut das klappt. Wenn sie nachts doch mal von einem Bedürfnis angefallen wird, was sehr selten vorkommt, maunzt sie vor sich hin wie sonst nie im Alltag (hört sich an wie eine große Katze) und klopft mit der Pfote gegen die Tür. Ziemlich unmissverständlich das Ganze. Neulich ereignete sich dann aber Folgendes: Wir besuchten Freunde im neuen Haus. Begeistert zeigten sie uns ihren schönen Wintergarten, in dem es ziemlich kühl und reichlich dunkel war. Besonderes Schmuckstück dieses Raums ist ein „Rasenteppich" mit langen grünen, sehr flauschigen Fransen. Sie ahnen vermutlich, was dann geschah. Friedebutsch muss sich wie bei Mutter Natur gefühlt haben, und bevor es irgendjemand kommen sah, weihte sie das gute Stück feuchtfröhlich ein. Die Freunde, selbst begeisterte Hundehalter, nahmen diese Rasentaufe nicht weiter tragisch, jedenfalls lachten sie – wenn auch etwas gequält. Ob wir da noch mal eingeladen werden?

Wenn nicht, kann ich's auch nicht ändern. Für einen jungen Hund muss man eben ein paar Opfer bringen, dafür gibt's dann ja auch täglich etwas zu lachen. Anekdoten-Fortsetzung folgt.

MIT FRIEDA IM RAUSCH SINNLOSER GESCHENKE

Weihnachten und Silvester verliefen ziemlich kurios. Eine gute Gelegenheit für einen etwas bissigen Rückblick.

Das Weihnachtsfest mit seinem Päckchen-Regen liegt hinter uns – und der ließ uns diesmal etwas ratlos zurück. Hier die Fakten. Zu den Weihnachtsgeschenken, die in diesen Tagen umgetauscht werden müssen, gehört auch ein Satz Serviettenringe mit Hundemotiven. Sie haben ganz richtig gelesen. Die schenkte mir eine erklärte Frieda-Verehrerin, wobei sie Friedebutsch damit ja nun keine große Freude bereitet hat. Die frisst zwar recht manierlich, aber auf Stoffservietten hat sie bislang verzichtet. Mein Hundemädchen kann die Dinger höchstens zum Draufbeißen nutzen, und dafür sind sie nun auch wieder zu schade. Das Ganze war ja lieb gemeint, deshalb bitte nicht rumerzählen, aber auch ich kann mit dem Präsent nichts anfangen. Serviettenringe gehören doch zu diesen Dingen, die man immer „für gut" (also wichtigen Besuch) aufhebt, und wenn dann „gut" eintrifft, vergisst man sie doch wieder. Dabei waren Frieda und ich der vor Weihnachten überall lauernden „Mach deinem Hund eine Freude"-Falle scheinbar glücklich entronnen.

In der Woche vor dem Fest der Liebe hatten wir uns dann nur mal ganz kurz – so war es jedenfalls geplant – in einem betont festlich dekorierten Hundeshop eingefunden. Frieda war von der netten Verkäuferin gleich mit ein paar Leckerli bestochen worden, woraufhin sie es sich erst mal vor dem Verkaufstresen gemütlich gemacht hatte. Herrchen musste sich dann, das war wohl auch der Trick bei der Sache, allerlei Dinge angucken, die ich als Hamburger nur als Tüdelkram bezeichnen kann. Einen merkwürdigen Mix gab's da zu betrachten. Die eine Hälfte war offenkundig für Hunde bestimmt (Kekse in Knochenform), die andere für Halter (Büroklammern in Hundeform). Die teure kleine Weihnachtsdecke für Welpen kann man streng genommen doch eigentlich nur ein paar Wochen benutzen, dann kommt vermutlich schon die Osterdecke für Junghunde dran, oder? Auch veganen Hundekuchen und ein Minigeweih zum Aufsetzen sah ich. Frieda als Rentier Rudolf? Na, die würde mir was husten. Am meisten verblüfft hat mich ein Kalender mit 24 Türchen, der zu diesem Zeitpunkt schon um die Hälfte preisreduziert war. Da stand allen Ernstes, mithilfe der 24 Leckerli werde dem Hund „die Zeit bis Heiligabend verschönt". Und im Internet las ich dazu noch den Satz: „Bringen Sie Ihren Liebling in Weihnachtsstimmung." Wer das nicht glaubt, kann ja selbst mal nachlesen.

Ich will das Thema hier jetzt nicht totreiten, schließlich kann jeder sein Geld ausgeben, wie er oder sie möchte. Und wer es wirklich schafft, einen Hund in Weihnachtsstimmung zu bringen, kann damit ja vielleicht sogar als Supertalent im Fernsehen auftreten. Frieda wird jedenfalls auch künftig nicht wie ein konsumorientiertes Kind „auf Weihnachten" trainiert. Zu guter Letzt kaufte ich in dem schicken Laden ein paar harte Kekse, die wie gezuckerte Lakritze aussehen. Die sollen gut schmecken und gleichzeitig die Zähne reinigen. Ist doch schön und auch noch praktisch. Als ich die nette Verkäuferin fragte, ob die auch für Menschen geeignet seien, grinste sie nur müde. Überhaupt war sie eigentlich gar nicht mehr so nett – wahrscheinlich, weil mit uns kein wirklich gutes Geschäft zu machen war.

Weihnachten und der glückliche Übergang ins neue Jahr liegen ja nun schon eine Weile hinter uns. Den Jahreswechsel 2017/18 hatten Frieda und ihre Menschen ja extra in einem Bauerndorf mit Reetdachhäusern verbracht, um dem Hundemädchen die exzessive Knallerei zu ersparen (wir erinnern uns). Dort war es dann aber so laut zugegangen, dass wir diesmal mit relativ gutem Gewissen in Hamburg blieben. Der Silvesterabend mit Freunden verlief auf Menschenseite ganz ausgezeichnet. Leider verstand sich Frieda mit Jule, der jungen, bildhübschen Hündin unserer Gastgeber, gar nicht so toll, und zeitweise gab es unterm Tisch mehr Feuerwerk als draußen. Ein Zickenkrieg wie unter Teenagern war das. Mensch, Frieda, das muss 2019 aber deutlich besser werden.

WAS FRIEDA JETZT KANN – UND WAS NOCH WERDEN MUSS

Hundeerziehung ist viel Arbeit – und längst nicht alles klappt auf Anhieb. Eine Bestandsaufnahme.

Immer wieder trifft man Menschen, deren Hunde schon jede Menge können. Und wie bei Gesprächen über (angeblich) superkluge Kinder vergleicht man als Halter automatisch, wird nachdenklich und auch selbstkritisch. Letzte Woche zählte mir ein netter Herr alle möglichen Kunststücke auf, die sein Hund, ein Australian Shepherd, schon beherrscht. Mit der Pfote macht er „Give me five“ (Gib mir fünf), auf eine Geste hin kann er umfallen, und durch einen mit den Armen angedeuteten Reifen springt er auch. Fair fand ich, dass der Halter zum einen sofort offen sagte, dass dem stundenlanges Üben vorausgegangen war, und zum anderen, dass es bei anderen Alltagsdingen noch etliche Defizite gäbe, die gar nicht mal so ohne waren.

Beim Spaziergang mit Friedebutsch am nachfolgenden Tag ging mir das Gespräch nicht mehr aus dem Kopf. Was kann Frieda mit ihren nun anderthalb Jahren schon gut, wo muss noch nachjustiert werden? Und was klappt überhaupt nicht so, wie es sollte? Da ich das oft gefragt werde, hier nun eine kleine Bestandsaufnahme für alle. Insbesondere wende ich mich an diejenigen, die gar keine Hundeerfahrung haben und denen es vielleicht mal so gehen wird wie uns mit Frieda. Sich irgendwann mal aufgeschlossen, aber ziemlich unvorbereitet in das Abenteuer Hund zu stürzen – das ist schon nicht ohne. Ich gebe hier ja dauernd alles Mögliche zu. So heute auch, dass ich nicht gedacht hätte, wie wenig sich bei der Hundeerziehung, auch bei den scheinbar einfachsten Dingen, „von alleine" ergibt. Oder anders gesagt: Hunden etwas beizubringen ist Arbeit – von nichts kommt nichts. Man wird in Fachbüchern und diversen Ratgeber-Foren zwar gründlich darauf vorbereitet, aber das ständige Vertiefen einiger Fähigkeiten, das „Dranbleiben" erfordert viel Kraft. Hier ein einfaches Beispiel aus dem Bereich Spielen.

Hundekenner mögen sich jetzt amüsiert auf die Schenkel klopfen, aber ich dachte in der Vor-Frieda-Zeit immer, es sei ganz natürlich, dass ein Hund hinter einem geworfenen Ball herläuft und diesen dann auch zum Werfer zurückbringt. Mag ja sein, dass das bei einigen ganz fix geht, aber ich schildere Ihnen mal im Schnelldurchlauf, wie sich das bei der guten Frieda über Wochen entwickelte. *Phase 1:* Frieda guckt aufmerksam, läuft aber nicht hinterher. *Phase 2:* Sie pest los, kommt zurück, bringt den Ball aber nicht mit. *Phase 3:* Sie sprintet los, schnappt ihn sich (Jubel), verliert auf dem Rückweg erst den Ball, dann das Interesse an dem Spiel. *Phase 4:* Sie holt den Ball, verbuddelt ihn im Unterholz und kommt stolz zurück. *Phase 5:* Sie bringt ihn (erneuter Jubel), will ihn aber nicht hergeben, kämpft um „ihre Beute". Dazwischen liegen endlose Phasen mit „Hol", „Bring", „Aus". Zigmal sprintete Herrchen selbst los, um in einem Mini-Rollenspiel zu verdeutlichen, worum es hier gehen sollte. Hinzu kommt: Nachdem scheinbar alles klappte und „saß", sah die Sache eine Woche später schon wieder nicht mehr so gut aus, und es musste nachgearbeitet werden. Hunde-Laien werden sich jetzt fragen, was das Ganze überhaupt soll. Nun: Zum einen müssen gerade junge Hunde gefordert werden, damit sie ihre Lebensfreude behalten und (um es drastisch auszudrücken) nicht verblöden. Zum anderen geht es darum, dem Tier über das scheinbar rein Spielerische Kommandos beizubringen, die für das reibungslose Zusammenleben unter einem Dach wichtig und für den Alltag mitunter sogar lebenswichtig sein können. Wenn vom menschlichen Teil des Rudels gar nichts in der Art kommt, wird der Hund unsicher und denkt, er muss den Alltag selbst in die Pfote nehmen.

Sehen Sie sich bei Ihrem nächsten Parkbesuch mal aufmerksam im Bereich der Hundewiesen um: Immer wieder sieht man geduldige Menschen, die zum Beispiel „Leckerli“ verstecken und den Hund mit „Sitz“ und „Warte“ dazu bringen, geduldig auszuharren, bis das Kommando „Such“ kommt. So haben wir es mit Frieda auch gemacht, und sie hat dabei gelernt, auf das entsprechende Kommando auch mal ruhig zu warten, wenn es zu Hause nicht nach ihrem hübschen Kopf geht. In der nächsten Woche gibt’s mehr zum Thema.

WOLLEN WIR WIRKLICH EINE PERFEKT ERZOGENE FRIEDA?

Na ja … Zu Hause klappt einiges gut, manches muss noch besser werden. Da ist Herrchens Konsequenz gefragt.

Es ist zwar ziemlich eisig geworden im schönen Hamburg, aber Hund und Mensch gehen in diesen Tagen eigentlich nach wie vor gut gelaunt vor die Tür. Knackig kalt ist doch immer noch besser als Regen und Matsch. Friedebutsch hat ein richtiges kleines Winterfell bekommen und sieht manchmal aus, als trage sie einen Mini-Mantel. Beim Gehen erinnert sie mich jetzt immer an einen rot-braunen Teddybär mit leichten O-Beinen. Über ihre Rasse habe ich in den vergangenen Monaten schriftlich und mündlich so viel Auskunft gegeben, dass ich – das muss auch an der Kälte liegen – jetzt oft keine Lust mehr auf das Thema habe. „Oh, was für ein süßer Welpe", meinte neulich eine nette Dame, „ich weiß schon, das ist ein Irish Setter." „Ja, genau, Sie kennen sich aber gut aus", antwortete ich und zog mit Frieda weiter. Ist doch schön, wenn man anderen mal ein Erfolgserlebnis beschert. Das bringt zwischenmenschliche Wärme auch in kalten Zeiten.

Am Montagabend gegen 21.30 Uhr schlug Frieda, die eigentlich gerne und ausgiebig spazieren geht, nach circa zehn Minuten unvermittelt eine Abkürzung ein und strebte wieder nach Hause. Natürlich hätte Herrchen jetzt das Kommando übernehmen und klarmachen müssen, wo's langgehen sollte. Aber mir langte es auch, und so verzogen wir uns wieder zu

Sofa und Körbchen in die warme Bude. Womit wir wieder beim Thema aus der vergangenen Woche sind. Was Frieda mit ihren anderthalb Jahren schon kann, hängt eben nicht nur davon ab, was ihr beigebracht wurde, sondern auch davon, was ihr erlaubt ist.

Ein ganz wichtiger Punkt dabei bleibt, den Hund nicht zum Chef werden zu lassen, der er ja sehr oft gerne wäre. Die schmächtige Frieda, die immer so lieb guckt, ist sehr dominierend und versucht dauernd, ihren Willen durchzusetzen. In den diversen Fachbüchern wird davor gewarnt, dem Hund zu viele Freiheiten zu lassen, weil er immer bestrebt sein wird, diese Lücken als „Rudelführer" sofort aufzufüllen. Ich gebe (wieder mal) etwas zu, nämlich, dass wir das Ganze unterschiedlich streng handhaben. Manches sehen wir etwas lockerer – Kritiker werden es wohl inkonsequent nennen. Ein Beispiel: Friedebutsch darf nicht vor uns in die Wohnung gehen und wartet auch (nach Kommando „Sitz") auf der Fußmatte, bis alle Rudelmitglieder ihre Jacken aufgehängt haben und so weiter. Erst bei „Okay" stratzt sie ins Wohnzimmer. Folgt man dem Erziehungsratgeber, müssten wir Menschen danach auch als Erste essen, während sie zu warten hätte. Ich finde es aber schöner und gemütlicher, wenn wir alle zusammen mit der Nahrungsaufnahme beginnen. Die Synthese: Frieda wartet, auch noch neben dem gefüllten Schälchen, bis alle so weit sind, und fängt erst bei „Okay" mit dem Rest ihres Rudels an. Na ja, immerhin. Ein Hund sollte eigentlich auch nicht unter dem Esstisch liegen beziehungsweise auf Kommando sofort wieder an den ihm zugewiesenen Platz verschwinden. Das klappt bei Frieda mal und mal nicht. So manches „Ach, lass sie doch" zum falschen Zeitpunkt hat da schon die erfolgreichsten Erziehungsansätze torpediert. Tja, selbst schuld, kann man da nur sagen. Wer als Halter so nachgiebig ist, wird nie den perfekt erzogenen Hund haben. Aber will man den überhaupt unbedingt? Kommt sicherlich drauf an, wie wichtig der jeweilige Punkt ist.

In so ziemlich jedem Ratgeber steht, dass ein Halter das Tier jederzeit beim Fressen unterbrechen können sollte und ihm im

Notfall auch Futter aus dem Maul zerren muss. In der vergangenen Woche erlebte ich im Park, wie eine Halterin ihren Hund mit einem kurzen „Apport" zu sich rief, weil dieser in der Ferne etwas Undefinierbares fressen wollte. Der Gerufene brachte ihr das Teil – ein Stück Apfel –, und erst nach „Okay" fing er mit dem Verzehr an. Vor Ehrfurcht wäre ich fast im Matsch versunken. Hut ab. So muss das laufen. Jetzt fragen Sie sich wahrscheinlich, wie das bei Frieda aussieht. Nun, äh ... Leider bin ich jetzt am Ende dieser Kolumne. In der kommenden Woche geht es um Folgsamkeit im Straßenverkehr – und immerhin *da* macht sie sich (meistens) schon ganz gut.

SITZ, FRIEDA – AUTOS!

An der Straße mit dem jungen Hund unterwegs. Da ist es lebenswichtig, dass alles klappt …

Im dritten und letzten Teil der höchst informativen Berichterstattung zu Friedas Lernfortschritten geht es heute um die Spaziergänge durch Hamburgs Straßen.

Vorab aber noch ein paar allgemeine Bemerkungen, wiederum vor allem an diejenigen gerichtet, die ihr Glück mal mit dem Langzeit-Abenteuer Hund versuchen wollen. Immer wieder trifft man Hundehalterinnen und -halter, bei denen alles super klappt und der Umgang mit dem Hund scheinbar immer ganz mühelos ist. Aber auch dort gilt: Von nichts kommt nichts. Wenn man dann genauer nachfragt, stellen sich oft zwei Fakten heraus: Zum einen haben viele schon längere Erfahrung mit Hunden, oft aus der eigenen Kinder- und Jugendzeit. Zum anderen gibt es fast immer mindestens ein Familienmitglied, das sich intensiv mit dem jungen Hund beschäftigt (hat) – nicht selten einige Stunden am Tag. Ich will Sie nicht mit Familiengeschichten langweilen – schließlich geht es hier ja um Friedebutsch. Nur so viel: Um die Lütte kümmern sich fast ausschließlich zwei nicht mehr ganz junge, berufstätige Menschen, die sich im Alltag die Frieda-Zeit einigermaßen gerecht aufteilen und so viel wie möglich auch gemeinsam mit ihr unternehmen.

Das ist ein ziemlich realistisches Szenario für viele, die spät mit einem Hund anfangen. Da geht dann eine ganze Menge, aber einiges eben auch nicht – vor allem aus Zeitgründen. Immer wieder schreiben mir nette Leser, dass wir insgesamt auf dem richtigen Weg seien und dass vieles auch runder laufen wird, wenn der Hund nicht mehr so jung ist. Na, wir bleiben dran – und freuen uns drauf. Immerhin: Wir sorgen dafür, dass unser liebes Hundemädchen nie länger als viereinhalb Stunden alleine ist. Und Frieda verbringt

ÜBER DEN AUTOR

MATTHIAS SCHMOOCK
ist seit über 20 Jahren Redakteur beim Hamburger Abendblatt. In dieser Zeit hat der promovierte Historiker zahlreiche Artikel zur Stadtgeschichte geschrieben. Dies ist sein erstes Buch im Wachholtz Verlag.

täglich mindestens zwei Stunden draußen, wird dann mit Spielen und Übungen bei Laune gehalten. Der Weg zum Park oder anderen Spielflächen ist zu Fuß gut zu bewältigen, und von Anfang an haben wir immer viel Wert darauf gelegt, dass Friedebutsch ihn mit uns sicher, aber einigermaßen selbstständig gehen kann. Ein typischer Gassi-Spaziergang sieht dann ungefähr so aus: An dicht befahrenen Straßen bleibt sie an der Leine, nur an ruhigen Seitenstraßen und Wegen darf sie „ohne" laufen. Wenn wir eine Straße queren – auch bei Ampeln und Zebrastreifen –, macht sie auf Kommando „Sitz" und bleibt so lange sitzen, bis „Okay" kommt. Wenn es länger dauert, sage ich zwischendurch ab und zu ziemlich streng „Warte". Und wenn Frieda auf einem Weg vorprescht oder zur Seite ausbricht und sich so einer Gefahrenzone nähert, rufe ich auch „Warte" oder „Bleib". Darauf reagiert sie ganz schön schnell, genau wie auf „Hier" oder „Hierher". Ich muss ohne Eigenlob sagen: Das klappt meistens ganz ausgezeichnet, Hundeschule und Zusatztraining haben sich wohl doch bewährt. Aufmerksame Leser wissen aber auch, dass ich nach ein paar schlimmen Schreckminuten immer ganz wachsam bin und dem Frieden nie wirklich traue. Denn gerade die jungen, verspielten Hunde sind am Straßenrand immer in Gefahr. Mein Hund ist ja kein Roboter und soll auch nicht so funktionieren. Es reicht manchmal schon, wenn der Wind Blätterreste in Richtung Fahrbahn weht oder ein vorwitziger Vogel auf die Straße hüpft. Im Nu könnte die nicht angeleinte Frieda lospreschen und in Lebensgefahr geraten. Ähnliches geschah am Anfang übrigens auch ab und zu, wenn ein Auto mit heruntergelassener Scheibe im Schritttempo vorbeifuhr. Offenbar glaubte sie dann, ein Mitglied ihres Rudels säße am Steuer. Für solche Notfälle (die natürlich gar nicht erst eintreten sollten) haben wir Hundeeltern den „Rückholpfiff" gelernt, der mit einer großzügigen Leckerli-Belohnung (für Frieda) verbunden ist. Klappt auch sehr gut, man sollte sich aber nie darauf verlassen.

Gegenüber der Anfangszeit sind das schon gute Fortschritte, die uns alle zusammen stolz und den gemeinsamen Alltag noch vergnüglicher machen.